高等职业教育教学改革系列教材

UG NX 12 Mold Wizard
塑料注射模设计教程

范国良　汪建武　主　编

熊　毅　林克伟　战忠秋　副主编

吴俊超　主　审

徐新华　周淑容　周丽红　童宏永　参　编

电子工业出版社

Publishing House of Electronics Industry

北京 · BEIJING

内 容 简 介

本书突出理论知识的应用性和设计软件操作的实践性，注重对学习者应用能力的培养，在对实例产品采用案例教学讲解的前提下，详细讲解 UG NX 12 Mold Wizard 软件的功能和操作方法。在系统学习本书后，学习者可具备中等复杂难度的塑料注射模具（简称塑料注射模）设计能力和实际操作能力，能在模具设计过程中解决实际问题。

本书可作为模具设计与制造、机电一体化和数控技术等机械类专业的模具设计课程的教材，以及有意向从事模具设计工作的企业职工的自学教材。

未经许可，不得以任何方式复制或抄袭本书之部分或全部内容。

版权所有，侵权必究。

图书在版编目（CIP）数据

UG NX 12 Mold Wizard 塑料注射模设计教程 / 范国良，汪建武主编. —北京：电子工业出版社，2020.9
ISBN 978-7-121-39548-2

Ⅰ. ①U…　Ⅱ. ①范…　②汪…　Ⅲ. ①注塑－塑料模具－计算机辅助设计－应用软件－高等学校－教材
Ⅳ.①TQ320.5-39

中国版本图书馆 CIP 数据核字（2020）第 172429 号

责任编辑：王艳萍　　文字编辑：张思辰
印　　刷：北京七彩京通数码快印有限公司
装　　订：北京七彩京通数码快印有限公司
出版发行：电子工业出版社
　　　　　北京市海淀区万寿路 173 信箱　邮编　100036
开　　本：787×1 092　1/16　印张：11.5　字数：294.4 千字
版　　次：2020 年 9 月第 1 版
印　　次：2025 年 1 月第 4 次印刷
定　　价：39.00 元

凡所购买电子工业出版社图书有缺损问题，请向购买书店调换。若书店售缺，请与本社发行部联系，联系及邮购电话：（010）88254888，88258888。

质量投诉请发邮件至 zlts@phei.com.cn，盗版侵权举报请发邮件至 dbqq@phei.com.cn。

本书咨询联系方式：wangyp@phei.com.cn，（010）88254574。

前　言

本书涵盖了基于 Mold Wizard（注塑模向导）模块支持的典型基础塑料注射模设计全过程的知识，即从读取产品模型开始，到确定和构造拔模方向、收缩率、分型面、型芯、型腔、模架及其标准零部件、模腔布置、浇注系统、冷却系统、模具零部件清单等，同时运用 UG WAVE 技术编辑模具的装配结构建立几何联结，进行零件间的相关设计。整个设计过程科学合理，具备智能化设计的特点。

在系统学习本书后，学习者可具备中等复杂难度的塑料注射模设计能力，能在模具设计过程中解决实际问题。

通过学习本书可以达到以下目的：

（1）掌握基于 UG NX 12 Mold Wizard 软件注塑模向导模块的塑料注射模设计的一般程序和方法。

（2）具备使用注塑模向导模块的常用功能的能力。

（3）具备中等复杂程度的塑料注射模的设计能力。

本书由浙江工商职业技术学院范国良、汪建武担任主编，河南工业职业技术学院熊毅、浙江工业职业技术学院林克伟、天津现代职业技术学院战忠秋担任副主编，九江职业技术学院吴俊超担任主审，浙江工商职业技术学院徐新华、四川职业技术学院周淑容、武汉科技大学城市学院周丽红和浙江工商职业技术学院童宏永参与编写。范国良、汪建武负责全书的框架设计和统稿。汪建武主持第一章的编写，熊毅主持第二章的编写，林克伟主持第三章的编写，战忠秋主持第四章的编写，范国良主持第五章、第六章的编写，吴俊超对全书进行了审阅，并对结构框架和内容提出了许多宝贵意见。

本书配有各章节的实例操作视频，读者可用手机扫描书中二维码观看，还配有实例源文件和实例完成文件等教学资源，请有需要的读者登录华信教育资源网（www.hxedu.com.cn）免费注册后进行下载，有问题时请在网站留言或与电子工业出版社联系（E-mail:wangyp@phei.com.cn）。

编　者

目 录

第一章 UG NX 注射模设计基础

在使用 UG NX 12 软件自带的注塑模向导模块进行塑料注射模设计时，仅能熟练操作软件是不够的，还需要具备与塑料注射模相关的专业理论知识。

教学目标：

1．了解塑料注射模设计的基础知识；

2．了解塑料注射模 CAD 技术；

3．了解 UG NX 12 Mold Wizard 模具设计工具。

1.1 塑料注射模设计简介

本节讲述塑料注射模设计的基本知识，包括注射成型工艺、塑件结构工艺性、塑料注射模的基本结构，以及塑料注射模的设计步骤等。

1.1.1 注射成型工艺

注射成型工艺（Injection Molding）是指通过压力将熔融状态的胶体注入有一定形状的模型的模腔后成型的工艺。其流程是先将固态的塑胶按照一定的熔点熔化，再通过注射机器的压力以一定的速度注入模具，模具通过冷却通道将塑胶冷却、固化，并得到与设计模腔一样的产品。注射成型工艺主要用于热塑性塑料的成型，也可用于热固性塑料的成型。

注射成型工艺可用于各种形状塑料制件的成型，它的特点是成型周期短，能一次成型外形复杂、尺寸精密、带有嵌件的塑料制件，且其生产效率较高，易于实现自动化生产，所以被广泛应用于塑料制件的生产。但注射成型的设备及模具的制造费较高，不适合应用于单件及批量较小的塑料制件的生产。

在注射成型工艺中所使用的设备是注射机，注射机的种类有很多，但普遍采用的是柱塞式注射机和螺杆式注射机。在注射成型中所使用的模具即为注射模，也被称为注塑模。注射成型工艺流程如图 1-1 所示。

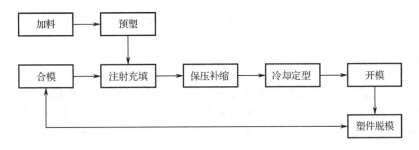

图 1-1 注射成型工艺流程

1. 注射成型原理

注射成型的原理是将颗粒状或粉状的塑料从注射机的料斗送入加热的料筒中，经过加热熔融塑化成黏流态熔体，在注射机柱塞或螺杆的高压推动下，黏流态熔体以很大的流速通过喷嘴注入模具模腔，再经一定时间的保压冷却定型即可保持模具模腔所赋予的形状，然后开模分型获得成型塑件，这样就完成了一次注射成型工作。螺杆式注射机注射成型原理如图 1-2 所示。

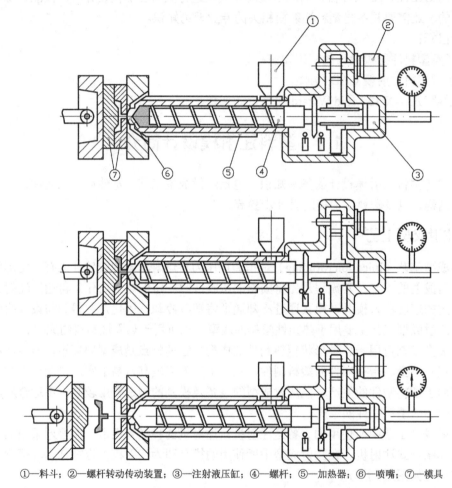

①—料斗；②—螺杆转动传动装置；③—注射液压缸；④—螺杆；⑤—加热器；⑥—喷嘴；⑦—模具

图 1-2　螺杆式注射机注射成型原理

2. 注射成型过程

注射成型过程包括注射成型前的准备工作、注射过程和塑件的后处理。

（1）注射成型前的准备工作：对原料外观和工艺性能的检验；预热和干燥处理；注射机料筒的清洗或更换；对于脱模困难的塑件合理地选用脱模剂；对嵌件进行预热，有些模具也需要预热。

（2）注射过程：注射过程是塑料转变为塑件的主要阶段，包括加料、塑化、注射、保压、冷却定型和脱模等几个阶段。

（3）塑件的后处理：塑件的后处理能够消除塑件存在的一些内应力，并可改善塑件的性能，提高尺寸的稳定性。塑件的后处理包括退火处理和调湿处理。退火处理是使塑件在定温的加热液体介质（如热水、热矿物油和液体石蜡等）或热空气循环烘箱中静置一段时间，然后缓慢冷却。其目的是消除塑件的内应力，稳定尺寸。调湿处理是将刚脱模的塑件放在热水中，起到隔绝空气、防止塑件氧化、加快达到吸湿平衡的作用。其目的是稳定塑件的颜色和尺寸，使塑件的性能得到改善。

3. 注射成型工艺条件

在注射成型工艺条件中，最主要的因素是温度、压力和时间。

（1）温度。在注射成型过程中需要控制的温度主要有料筒温度、喷嘴温度和模具温度。

① 料筒温度：料筒温度的选择与塑料的品种和特性有关。料筒温度过低，会导致塑料塑化不充分；料筒温度过高，可能导致塑料过热分解。料筒的温度分布一般采用前高后低的原则，即料筒的后端温度低，靠近喷嘴处的前端温度高，以防塑料因剪切热和摩擦热而出现降解现象。

② 喷嘴温度：喷嘴温度一般略低于料筒的最高温度，以防因温度过高导致熔料在喷嘴处产生流涎现象。

③ 模具温度：模具温度对熔体的充模流动和冷却速度以及成型后塑件的性能影响很大。模具温度的高低取决于塑料有无结晶性、塑件的尺寸、塑件对结构和性能的要求以及其他工艺条件（如熔料温度、注射速度和注射压力）等。

（2）压力。在注射成型工艺过程中的压力包括塑化压力和注射压力两种，它们直接影响着塑料的塑化和塑件的质量。

① 塑化压力：塑化压力又称背压，是指在采用螺杆式注射机时，螺杆头部熔料在螺杆转动后退时所受到的压力。一般在保证塑件质量的前提下，塑化压力越低越好。

② 注射压力：注射压力是指柱塞或螺杆头部对塑料熔体施加的压力。注射压力的大小取决于塑料品种、注射机类型、模具结构、塑件壁厚及其他工艺条件等。

（3）时间。完成一次注射成型过程所需的时间称为成型周期，包括充模时间、保压时间、模内冷却时间和其他时间等，其他时间包括开模、涂脱模剂、脱模、安放嵌件和合模等步骤所需的时间。

1.1.2　塑件结构工艺性

塑件的设计不仅要考虑使用要求，还要考虑塑料的结构工艺性，并应尽可能使模具结构简单。因为这样不但可以使成型工艺稳定，保证塑件的质量，还可以降低生产成本。在进行塑件结构设计时，可遵循以下设计原则。

（1）在保证塑件的使用性能、物理化学性能、电性能和耐热性能的前提下，尽量选用价格低廉和成型性好的塑料。

（2）在设计塑件结构时应考虑模具结构，使模具型腔易于制造，且使模具抽芯和推出机构结构简单。

（3）应考虑原料的成型工艺性，塑件的形状应有利于其分型、排气、补缩和冷却。

塑件的内外表面形状应在满足使用要求的情况下尽可能易于成型。由于侧抽芯和瓣合模不但会使模具结构变复杂、制造成本提高，还会在分型面上留下飞边，增加塑件的修整量。

所以在设计塑件时可以适当改变塑件的结构，尽可能避免侧孔与侧凹，以简化模具的结构。

当塑件内的侧凹较浅并允许带有圆角时，可以将整体凸模采取强制脱模的方法使塑件从型芯上脱下，但此时的塑件在脱模温度下应具有足够的弹性，以使塑件在强制脱模时不会变形，如聚乙烯、聚丙烯、聚甲醛等材料都能适应这种情况。在合适的条件下，塑件的外侧凹凸也可以强制脱模。但在大多数情况下，为便于脱模，塑件的侧向凹凸部分须采用侧向分型和抽芯机构结构以便于脱模。

1.1.3 塑料注射模的基本结构

塑料注射模的分类方法有很多，按加工塑料的品种可分为热塑性塑料注射模和热固性塑料注射模；按注射机的类型可分为卧式、立式和角式注射机用注射模；按型腔数目可分为单型腔注射模和多型腔注射模。在通常情况下，塑料注射模是按其整体结构和特征进行分类的，具体分类和特征如下。

单分型面注射模：只有一个分型面的注射模，也叫两板式注射模。

双分型面注射模：与单分型面注射模相比，增加了一个用于取浇注系统凝料的分型面。

侧向分型与抽芯注射模：当塑件上有侧孔或侧凹时，在模具中要设置由斜导柱或斜滑块等组成的侧向分型抽芯机构，使侧型芯做横向运动。

带有活动成型零部件的注射模：在脱模时活动成型零部件可与塑件一起移出模外，然后再与塑件分离。

自动卸螺纹注射模：在动模上设置能够转动的螺纹型芯或螺纹型环，利用开模动作、注射机的旋转机构或专门的传动装置带动螺纹型芯或螺纹型环转动，从而脱出塑件。

热流道注射模：利用加热或绝热的方法使浇注系统中的塑料始终保持熔融状态，在每次开模时，只须取出塑件而不用浇注系统凝料。

1. 单分型面注射模的组成

某单分型面注射模的结构如图 1-3 所示，根据注射模中各个零部件的作用，可将该注射模分为以下部分。

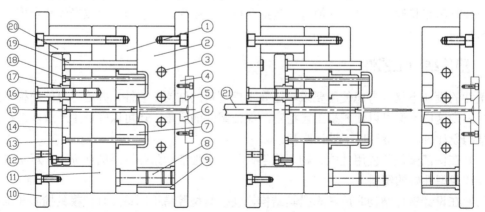

①—动模板；②—定模板；③—冷却通道；④—定模座板；⑤—定位圈；⑥—浇口套；⑦—型芯；⑧—导柱；
⑨—导套；⑩—动模座板；⑪—支承板；⑫—支承钉；⑬—推板；⑭—推杆固定板；⑮—拉料杆；
⑯—推板导柱；⑰—推板导套；⑱—推杆；⑲—复位杆；⑳—垫块；㉑—注射机顶杆

图 1-3 某单分型面注射模的结构

（1）成型零部件：在模具中用于成型塑料制件的空腔部分称为模腔，构成塑料模具模腔的零件统称为成型零部件。由于模腔是与塑料制件成型直接相关的部分，因此模腔的形状应与塑件的形状一致，模腔一般是由型腔零件和型芯组成的。如图 1-3 所示的模具模腔是由型腔（定模板）（零件②）、型芯（零件⑦）、动模板（零件①）和推杆（零件⑱）组成的。

定模板（零件②）的作用是开设型腔、成型塑件外形。

型芯（零件⑦）的作用是形成成型塑件的内表面。

动模板（零件①）的作用是固定型芯和组成模腔。

推杆（零件⑱）的作用是在开模时推出塑件。

（2）浇注系统：塑料由注射机喷嘴引向模腔的通道称为浇注系统，浇注系统分为主流道、分流道、浇口、冷料穴 4 个部分。如图 1-3 所示的模具浇注系统由浇口套（零件⑥）、拉料杆（零件⑮）和定模板（零件②）上的流道组成。

浇口套（零件⑥）的作用是形成浇注系统的主流道。

拉料杆（零件⑮）的前端为冷料穴，在开模时拉料杆将主流道凝料从浇口套中拉出。

（3）导向机构：导向机构是为确保动模板在与定模板合模时准确对中而设的导向零件，通常有导向柱、导向孔或在动模板和定模板上分别设置互相吻合的内外锥面。如图 1-3 所示的模具导向机构由导柱（零件⑧）和导套（零件⑨）组成。

导柱（零件⑧）的作用是在合模时与导套配合，为动模部分和定模部分导向。

导套（零件⑨）的作用是在合模时与导柱配合，为动模部分和定模部分导向。

（4）推出装置：推出装置是在开模过程中，将塑件从模具中推出的装置。有的注射模具的推出装置为避免在推出过程中推板歪斜，还设有导向零件，使推板保持水平运动。如图 1-3 所示的模具推出装置由推杆（零件⑱）、推板（零件⑬）、推杆固定板（零件⑭）、复位杆（零件⑲）、拉料杆（零件⑮）、支承钉（零件⑫）、推板导柱（零件⑯）及推板导套（零件⑰）组成。

推杆（零件⑱）的作用是在开模时推出塑件。

推板（零件⑬）的作用是注射机顶杆推动推板，推板带动推杆推出塑件。

推杆固定板（零件⑭）的作用是固定推杆。

复位杆（零件⑲）的作用是在合模时带动推出系统后移，使推出系统恢复原始位置。

支承钉（零件⑫）的作用是使推板与动模座板间形成间隙，以保证平面度，并有利于废料、杂物的去除。

推板导套（零件⑰）的作用是与推板导柱配合、为推出系统导向、使推板平稳推出塑件，同时起到了保护推杆的作用。

（5）温度调节和排气系统：为满足注射工艺对模具温度的要求，模具设有冷却或加热系统。冷却系统一般为在模具内开设的冷却通道，加热系统则为在模具内部或周围安装的加热元件，如电加热元件等。如图 1-3 所示的模具冷却系统由冷却通道（零件③）和冷却通道接头组成。

在注射成型过程中，为了将型腔内的气体排出模外，常需要开设排气系统。一般会在分型面处开设排气槽，也可以利用推杆或型芯与模具的配合间隙实现排气。

（6）结构零部件：结构零部件是用来安装固定或支承成型零部件及前述的各部分机构的零部件。结构零部件组装在一起，可以构成注射模的基本框架。如图 1-3 所示的结构零部件由定模座板（零件④）、动模座板（零件⑩）、垫块（零件⑳）和支承板（零件⑪）组成。

定模座板（零件④）的作用是将定模座板和连接于定模座板的其他定模部分安装在注射

机的定模板上，定模座板比其他模板宽 25～30mm，便于用压板或螺栓固定。

动模座板（零件⑩）的作用是将动模座板和连接于动模座板的其他动模部分安装在注射机的动模板上。动摸座板比其他模板宽 25～30mm，便于用压板或螺栓固定。

垫块（零件⑳）的作用是调节模具的闭合高度，形成推出机构所需的推出空间。

支承板（零件⑪）的作用是承受型芯传递的注射压力。

2. 单分型面注射模的工作过程

单分型面注射模的一般工作过程为：模具闭合—模具锁紧—注射—保压补缩—冷却—开模—推出塑件。下面以图 1-3 为例讲解单分型面注射模的工作过程。

在导柱（零件⑧）和导套（零件⑨）的导向定位下，注射机合模机构驱动动模板和定模板闭合。模腔由定模板（零件②）、动模板（零件①）和型芯（零件⑦）的成型表面组成，并由注射机合模系统提供的锁模力锁紧分型面。接着，注射机开始注射，塑料熔体经定模部分的浇注系统进入模腔。待熔体充满模腔并经过保压、补缩和冷却定型后开模。在开模时，注射机合模系统带动动模板后退，模具从动模板和定模板分型面分开，塑件包在型芯（零件⑦）上随动模板一起后退，同时拉料杆（零件⑮）将浇注系统的主流道凝料从浇口套中拉出。当动模板移动一定距离后，注射机顶杆（零件㉑）接触推板（零件⑬），推出机构开始工作，推杆（零件⑱）和拉料杆（零件⑮）分别将塑件及浇注系统凝料从型芯和冷料穴中推出，塑件与浇注系统凝料一起从模具中落下，至此完成一次注射过程。在合模时，推出机构靠复位杆复位，并准备下一次注射。

1.1.4 塑料注射模设计步骤

注塑模向导会协助我们完成注射模的结构设计，这是在整个注射模设计过程中的一个重要组成部分。

1. 模具设计任务书

模具的设计者应以模具设计任务书为依据设计模具，模具设计任务书通常由塑料制品生产部门提出，通常包括以下内容。

（1）经过审签的正规塑件图纸，并注明所采用的塑料牌号、透明度等，若塑件图纸是根据样品测绘的，建议附上样品。因为样品除比图纸更为形象和直观外，还能为模具设计者带来许多有价值的信息，如样品所采用的浇口位置、顶出位置、分型面等。

（2）塑件说明书及技术要求。

（3）塑件的生产数量及所使用的注射机。

（4）注射模的基本结构、交货期及价格。

2. 设计前需要注意的地方

（1）熟悉塑件

熟悉塑件的几何形状。对于没有样品的复杂塑件图纸，要使用徒手画轴测图或计算机建模的方法，在头脑中建立清晰的塑件三维图像，甚至可以用 3D 打印等方法制出塑件的模型，以熟悉塑件的几何形状。

明确塑件的使用要求。除了塑件的几何形状，塑件的用途及其各部分的作用也是相当重要的，设计者应当密切关注该塑件的使用要求，以及为了满足使用要求而设计的塑件尺寸公差和技术要求。

注意塑件的原料。塑料具有不同的物理化学性能、工艺特性和成型性能，应注意塑件的塑料原料，明确所选塑料的各种性能，如收缩率、流动性、结晶性、吸湿性、热敏性、水敏性等。

（2）检查塑件的成型工艺性

检查塑件的成型工艺性，确认塑件的材料、结构、尺寸精度等是否符合注射成型的工艺性条件。

（3）明确注射机的型号和规格

在设计前要根据产品和工厂的情况确定所采用注射机的型号和规格，这样在模具设计中才能有的放矢，从而正确处理注射模和注射机的关系。

3. 制定成型工艺卡

在准备工作完成后，应制定出塑件的成型工艺卡，尤其对于大批量的塑件或形状复杂的大型模具，更有必要制定详细的注射成型工艺卡，以指导模具的设计工作和实际的注射成型加工。工艺卡通常包括以下内容。

（1）产品的概况，包括简图、质量、壁厚、投影面积、外形尺寸、有无侧凹和嵌件等。

（2）产品所用的塑料概况，如产品名、生产厂家、颜色和干燥情况等。

（3）所使用注射机的主要技术参数，如注射机可安装的模具最大尺寸、螺杆类型和额定功率等。

（4）注射成型条件，包括料筒的各段温度、注射温度、模具温度、冷却介质温度、锁模力、螺杆背压、注射压力、注射速度和循环周期等。

4. 注射模结构设计步骤

在制定出塑件的成型工艺卡后，将进行注射模的结构设计，其步骤如下。

（1）确定型腔数目。确定型腔的最大注射量、锁模力、产品的精度要求和经济性等。

（2）选择分型面。分型面的选择应以模具结构简单、分型容易，且不破坏已成型的塑件作为原则。

（3）确定型腔的布置方案。型腔应尽量采用平衡式排列，以保证各型腔平衡进料。布置型腔时还要考虑与冷却管道、推杆布置的协调问题。

（4）确定浇注系统。浇注系统包括主流道、分流道、浇口和冷料穴，浇注系统应根据模具的类型、型腔的数目及布置方式、塑件的原料及尺寸等情况进行设计。

（5）确定脱模方式。脱模方式应根据塑件在模具中的位置进行设计。由于注射机的推出顶杆在动模部分，所以脱模推出机构一般是设计在模具的动模部分的。在设计中，除了将较长的型芯安排在动模部分，还常通过设计拉料杆将塑件强制留在动模部分，但也有些塑件的结构要求塑件在分型时留在定模部分，此时则按要求在定模一侧设计推出装置。推出机构的设计应根据塑件的结构设计出不同的形式，一般有推杆、推管和推板等结构。

（6）确定调温系统结构。模具的调温系统主要由塑料的种类决定，模具的大小、塑件的物理性能、塑件的外观和尺寸精度等都会对模具的调温系统产生影响。

（7）确定型腔和型芯的固定方式。当型腔或型芯采用镶块结构时，应合理地划分镶块，同时考虑镶块的强度、可加工性及安装和固定方式。

（8）确定排气尺寸。一般注射模可以通过模具分型面和推杆与模具的间隙进行排气，而大型和高速成型的注射模则必须要设计相应的排气装置。

（9）确定注射模的主要尺寸。要根据相应的公式计算成型零件的工作尺寸，确定模具型腔的侧壁厚度、动模板的厚度、拼块式型腔的型腔板厚度及注射模的闭合高度。

（10）选用标准模架。根据设计或计算出的注射模的主要尺寸，选用注射模的标准模架，并应尽量选择标准模具零件。

（11）绘制模具的结构草图。应在以上工作的基础上，绘制注射模完整的结构草图。绘制模具结构草图在模具设计中是一项十分重要的工作，其步骤为先画俯视图（顺序为模架、型腔、冷却通道、支承柱、推出机构），再画主视图。

（12）校核模具与注射机的相关尺寸。对所使用注射机的参数进行校核，包括最大注射量、注射压力、锁模力及模具安装部分的尺寸、开模行程和推出机构的校核。

（13）注射模结构设计的审查。对根据上述各项要求设计出来的注射模，应进行注射模结构设计的初步审查并征求用户的意见，同时也有必要对用户提出的要求加以确认。

（14）绘制模具的装配图。装配图是模具装配的主要依据，应清楚地表明注射模各零件的装配关系、必要的尺寸（如外形尺寸、定位圈直径、安装尺寸、活动零件的极限尺寸等）、序号、明细表、标题栏及技术要求。

技术要求主要有以下几项。

① 模具结构的性能要求，如对推出机构、抽芯结构的装配要求。

② 模具装配工艺的要求，如分型面的贴合间隙、模具上下面的平行度等。

③ 模具的使用要求。

④ 模具的防氧化处理、编号、刻字、油封及保管等要求。

⑤ 有关试模及检验方面的要求。

如果凹模或型芯的镶块太多，可以绘制动模或定模的部件图，并在部件图的基础上绘制装配图。

（15）绘制模具零件图。由模具装配图或部件图拆绘零件图的顺序为先内后外、先复杂后简单、先成型零件后结构零件。

（16）复核设计图样。复核设计图样是对注射模设计的最后一次把关，应多关注零件的加工过程和零件的性能。

5. 注射模的审核

由于注射模的设计直接关系到产品能否成型、产品的质量、生产周期及成本等许多至关重要的问题，因此，在设计完成后，应该进行审核，审核的内容如下。

（1）基本结构方面

① 注射模的机构和基本参数是否与注射机相匹配。

② 注射模是否具有合模导向机构，机构的设计是否合理。

③ 分型面的选择是否合理，有无产生飞边的可能，塑件是否滞留在设有顶出脱模机构的动模板（或定模板）一侧。

④ 型腔的布置与浇注系统的设计是否合理，浇口是否与塑料原料相适应，浇口位置是否恰当，浇口与流道的几何形状及尺寸是否合适，流动比是否合理。

⑤ 成型零部件的设计是否合理。

⑥ 顶出脱模机构与侧向分型或抽芯机构是否合理、安全和可靠。它们之间或它们与其他模具零部件之间有无干涉或碰撞的可能。

⑦ 是否有排气机构，如果有，其形式是否合理。

⑧ 是否具有温度调节系统，如果有，其热源和冷却方式是否合理。温控元件是否足够，精度等级和寿命长短是否符合标准，加热和冷却介质的循环回路是否合理。

⑨ 支承零部件的结构是否合理。

⑩ 外形尺寸是否合理，固定方式的选择是否合理可靠，安装用的螺栓孔是否与注射机动、定模板上的螺孔位置一致。

（2）设计图纸方面

① 装配图。零部件的装配关系是否明确，配合代号的标注是否恰当合理，零部件的标注是否齐全，与明细表中的序号是否对应，相关说明是否有明确的标记，整个注射模的标准化程度如何。

② 零件图。零部件号、名称和加工数量是否有准确的标注，尺寸公差和几何公差的标注是否合理、齐全，成型零部件容易磨损的部位是否预留了修磨余量，哪些零部件具有较高的精度要求，这种要求是否合理，各个零部件材料的选择是否恰当，热处理要求和表面粗糙度要求是否合理。

③ 制图方法。制图方法是否正确，是否符合相关国家标准，图面表达的几何图形与技术要求是否易于理解。

（3）注射模设计质量方面

① 在设计注射模时，是否考虑了塑料原料的工艺特性、成型性能以及注射机的类型可能对成型质量产生的影响，对成型过程中可能产生的缺陷是否在注射模设计时采取了相应的预防措施。

② 是否考虑了塑件对注射模导向精度的要求，导向结构的设计是否合理。

③ 成型零部件的工作尺寸是否计算正确，能否保证产品的精度，零部件本身是否拥有足够的强度和刚度。

④ 支承零部件能否保证模具具有足够的整体强度和刚度。

⑤ 在进行注射模设计时，是否考虑了试模和修模要求。

（4）拆装及搬运条件方面

是否有在装拆时要用的撬槽、装拆孔、牵引螺钉和起吊装置（如在搬运时使用的吊环或起重螺栓孔等），是否对其做出标记。

1.2　注塑模具 CAD 简介

从本质上说，注塑模向导是一种辅助模具设计工具，本节将介绍注塑模具 CAD 的基本概念。

1.2.1　CAX 技术

1. 模具 CAD

运用 CAD 技术，注塑模向导能帮助广大模具设计人员由注塑制品的零件图迅速设计出该制品的全套模具图,使模具设计师从烦琐、冗长的手工绘图和人工计算等工作中解放出来,将精力集中于方案构思、结构优化等创造性工作。通过注塑模向导,用户可以选择软件提供的标准模架或灵活方便地建立适合自己的标准模架库。在选好模架的基础上,用户能从系统提供的诸如整体式、嵌入式、镶拼式等多种形式的动、定模结构中依据自身需要灵活地选择和设计出动、定模部件装配图,采用参数化的方式设计浇口套、拉料杆、斜滑块等通用件,然后设计推出机构和冷却系统,完成模具的总装图。最后利用注塑模向导提供的编辑功能方便地完成各零件图的尺寸标注及明细表。

2. CAE 的概念

CAE 技术借助有限元法、有限差分法和边界元法等数值计算方法,分析型腔中塑料流动、保压和冷却的过程,计算制品和模具的应力分布,预测制品的翘曲变形,并由此分析工艺条件、材料参数及模具结构对制品质量的影响,达到优化制品和模具结构、优选成型工艺参数的目的。塑料注射成型 CAE 软件主要包括流动保压模拟、流道平衡分析、冷却模拟、模具刚度与强度分析、应力计算和翘曲预测等功能。其中流动保压模拟功能能提供不同时刻型腔内塑料熔体的温度、压力、剪切的应力分布,其预测结果能直接指导工艺参数的选定及流道系统的设计。流道平衡分析功能能帮助用户对一模多腔模具的流道系统进行平衡设计,计算各个流道和浇口的尺寸,以保证塑料熔体能同时充满各个型腔。冷却模拟功能能计算冷却时间、制品及型腔的温度分布,其分析结果可以用来优化冷却系统的设计。模具刚度与强度分析功能能对模具结构进行力学分析,帮助用户对型腔壁厚和模板厚度进行刚度和强度校核。应力计算和翘曲预测功能则能计算出制品的收缩情况和内应力的分布,预测制品出模后的变形情况。

3. CAM 的概念

通过 CAM 技术能将模具型腔的几何数据转换为各种数控机床所需的加工指令代码,从而取代手工编程。例如,CAM 技术能自动计算钼丝的中心轨迹,并将其转化为线切割机床所需的指令(如 3B 指令、G 指令等)。对于数控铣床,则可以通过 CAM 技术计算在轮廓加工时铣刀的运动轨迹,并输出相应的指令代码。采用 CAM 技术能显著提高模具加工的精度及生产管理的效率。注塑模向导能够帮助用户节省设计的时间,并提供完整的模具 3D 模型给CAM 系统。

4. 模具 CAD 的发展

近 20 年来,以计算机技术为代表的信息技术的突飞猛进,为注射成型领域高新技术的发展提供了强有力的条件,注塑成型计算机辅助软件的发展也十分引人注目。在 CAD 方面,主要是在通用的机械 CAD 平台上开发注塑模设计模块。随着通用机械 CAD 的发展经历了从二维到三维、从简单的线框造型系统到复杂的曲面实体混合造型系统的转变,模具 CAD 也有了较大的发展。目前在国际上占主流地位的注射模 CAD 软件主要有 UG NX/Mold Wizard、Pro/E(Mold Design)、SolidWorks/IMold、CATIA/Mold Tooling Design 和 TopSolid/Mold 等。在国内,华中科技大学是较早(1985 年)自主开发注塑模 CAD 系统的单位,并于 1988 年成功开发出国内第一个 CAD/CAE/CAM 系统 HSC1.0,合肥工业大学、中国科技大学、浙江大学、上海交通大学、北京航空航天大学等也开展了注塑模 CAD 的研究并开发了相应的软件。

1.2.2　模具 CAD 技术

1. 注射模 CAD 系统的主要功能

一个完善的注塑模 CAD/CAE/CAM 系统应包括注塑制品构造、模具概念设计、CAE 分析、模具评价、模具结构设计和 CAM 功能。

（1）注塑制品构造：将注塑制品的几何信息以及非几何信息输入计算机，在计算机内部建立制品的信息模型，为后续的设计提供信息。

（2）模具概念设计：根据注塑制品的信息模型采用基于知识和基于实例的推理方法，得到模具的基本结构形式和初步的注塑工艺条件，为之后的详细设计、CAE 分析、制造性评价奠定基础。

（3）CAE 分析：运用有限元方法，模拟塑料在模具型腔中流动、保压和冷却的过程，并进行翘曲分析，以得到合适的注射工艺参数和合理的浇注系统与冷却系统结构。

（4）模具评价：模具评价包括可制造性评价和可装配性评价两部分，可制造性评价一般在概念设计过程中完成，根据模具概念设计得到的方案进行模具费用估计来实现。模具费用估计可分为模具成本估计和制造难易估计两种。模具成本估计是估计模具的具体费用，而制造难易估计是通过运用人工神经网络的方法得到注塑件的可制造度，以此判断模具的可制造性。可装配性评价是在模具详细设计完成后，对模具进行开启、闭合、勾料、抽芯和工件推出的动态模拟，在模拟过程中自动检查零件之间是否存在干涉，以此来评价模具的可装配性。

（5）模具结构设计：根据制品的信息模型、概念设计和 CAE 分析结果进行模具的详细设计，包括成型零部件的设计和非成型零部件的设计。成型零部件的设计包括型芯、型腔、成型杆和浇注系统的设计，非成型零部件的设计包括脱模机构、导向机构、侧抽芯机构以及其他典型机构的设计，同时提供三维模型向二维工程图转换的功能。

（6）CAM：主要利用 UG NX 软件自带或加装的 CAM 模块完成成型零件的虚拟加工过程，并自动编制数控加工的 NC 代码。

2. 应用注射模 CAD 系统进行模具设计的通用流程

在进行模具设计时，一般会根据塑件结构采用 CAD 专家系统进行模具的概念设计，专家系统包括模具结构设计、模具制造工艺规划、模具价格估计等模块。在专家系统的运行过程中，一般采用的是基于知识与基于实例相结合的推理运算方法，得到的结果是注射工艺和模具的初步设计方案。方案主要包括型腔数目与布置、浇口类型、模架类型、脱模方式和抽芯方式等，模具结构详细设计流程如图 1-4 所示。

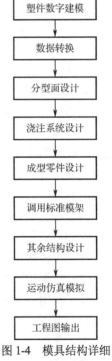

图 1-4　模具结构详细设计流程

1.3　UG 模具设计工具

注塑模向导是在 UG NX 12 软件中设计塑料注射模的专用模块，它为模具的型芯、型腔、滑块、推杆和嵌件的设计提供了简便的设计工具，使塑料注射模的设计变得更加方便快捷。

通过注塑模向导能设计出与产品参数相关的模具三维图形，并能用于编程和加工。

注塑模向导会用全参数的方法自动处理那些在模具设计中耗时多而且难做的部分，且可以将产品参数的改变反馈到模具中，注塑模向导会自动更新所有相关的模具部件。在注塑模向导的模架库及标准件库中包含参数化的模架装配结构和模具标准件，以及外滑块和内抽芯等，并可以通过标准件库功能用参数控制所选用的标准件在模具中的位置，还可以在不具备编程基础知识的前提下根据需要定义和扩展注塑模向导的库。

注塑模向导可以创建型腔、型芯、滑块、斜顶、镶块以及标准件等 3D 模型，而且非常容易使用。注塑模向导可以提供快速的、全关联的、3D 实体的解决方案，它借助了 UG NX 软件的全部功能，并用到了 UG/WAVE 技术和主模型技术。"注塑模向导"工具条如图 1-5 所示。

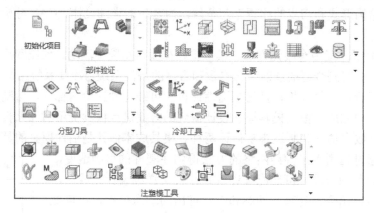

图 1-5 "注塑模向导"工具条

分型设计过程是塑料注射模设计的一个重要部分，对具有复杂形状的塑件来说更为重要，并且分型设计与原始塑件模型是完全关联的。分型是基于一个塑件模型生成型腔和型芯的过程。模架及组件库包含在多个目录里。标准件模块提供了滑块、斜顶、镶件和电极等自定义部件，标准件模块还可以用来放置组件，并生成合适大小的腔体，而且 WAVE 技术的应用可以保持零部件之间的互相关联。注塑模向导提供了按零件类型进行分类的方式来管理不同类型的标准部件，用户可以使用库中的标准部件，也可以根据需要定制标准部件库。

为了更有效地使用注塑模向导，读者必须熟悉模具设计的理论知识，并且掌握以下 UG 模块的软件操作技能。

在建模模块中，需要熟悉以下内容。

（1）特征建模。

（2）自由曲面建模。

（3）草图。

（4）曲线。

（5）层。

在装配模块中，需要熟悉以下内容。

（1）使用装配导航器。

（2）改变显示与工作部件。

（3）添加/创建新组件。

（4）创建/替换引用集。

（5）创建链接几何体。

1.3.1　UG NX 12 Mold Wizard 新增功能

随着版本的更新，注塑模向导也在不断地改进，UG NX 12 软件的注塑模向导主要对以下方面进行了增强。

1．Feature2Cost 铸模增强功能

可通过单独的命令访问其他分析类型，包括：整个部件、面、特征、底切、筋板、开口、壁厚等。这些命令还可以按照定制的顺序排列并改进分析结果。此外，改进的特征识别算法可以提高特征识别精度，还可以对 IGES 和 STEP 数据进行特征分析。

2．收敛建模增强功能

许多注塑模向导命令提供收敛建模支持。通过这个新的建模系统，可以使用导入的建模数据，无须转换任何建模数据。如顶杆后处理的收敛建模支持，就可以通过收敛体来修剪顶杆，还可以在收敛体上选择面来修剪顶杆。在移动顶杆时，无论部件包含的是特征几何体还是小平面几何体，已修剪顶杆的修边长度都将自动更新。

通过收敛模型，可以使用多个来源、不同类型的建模数据，从而加快从概念到生产以及逆向工程的工作流程。

3．多个窗口增强功能

（1）在单独窗口中可以同时打开不同的设计，或查看具有不同视图的相同设计。在默认情况下，UG NX 12 软件是在软件主框架的单独选项卡窗口中打开设计的。

（2）将选项卡窗口拖出 UG NX 12 软件的主框架，使其成为浮动框架，并将其移到单独的监视器上或将其拖回 UG NX 12 软件主框架窗口。

（3）在 UG NX 12 软件主框架窗口以及多个监视器的浮动框架中，按选项卡式组布局来布置选项卡窗口。

通过窗口布局选项可将 UG NX 12 软件主框架窗口中的选项卡窗口布置到各选项卡式组布局中，旧版本 UG NX 软件的窗口布置命令，如层叠、横向平铺和纵向平铺从本版本起停用。

停靠控制可在 UG NX 12 软件主框架和浮动框架中布置选项卡窗口，新的重置布局选项可将所有选项卡窗口从所有框架移到 UG NX 12 软件主框架窗口中的一个选项卡式组布局中。这样可以在不同的选项卡窗口中运行不同的 UG NX 12 软件应用模块，并在 Windows 任务栏中预览所有浮动框架和主框架。当然，仅 Windows 和 Linux 操作系统支持同时打开 UG NX 12 软件的多个窗口。

4．视图管理器增强功能

可以从图形区域中向视图管理器的视图中添加组件。将属性指派给组件，UG NX 12 软件会将组件放置在视图管理器树中的关联视图下。

在视图管理器中显示的视图的标题都基于部件属性或定制名称值，具体取决于在用户默认设置中所做的选择。

5. 初始化项目增强功能

可以在初始化注塑模向导项目时从定制模板中添加属性信息，定制属性信息定义在"%MOLDWIZARD_DIR%\templates"的 custom_attr_template.xls 模板文件中。在添加标准件时，这些属性也继承于项目的上部，并且在组件属性对话框的组件属性列表中被列出。其他属性提供的重要信息在注塑模项目的生命周期中通过装配向下继承。

6. 未用部件管理增强功能

在"未用部件管理"对话框中单击"取消"按钮时，UG NX 12 软件在关闭前不再执行撤销操作。从本地目录删除文件时，所有撤销标记都将被删除。在删除文件时，UG NX 12 软件将删除的文件放在计算机的回收站中，这样就可以在必要时恢复文件。在受管模式下运行 UG NX 12 软件时，"删除装配中抑制的部件"选项已经可用。在受管模式下搜索项容器时，定位时间有所缩短。

7. 标准件管理增强功能

通过"标准件管理"对话框的增强功能，可以编辑已锁定参数，并只显示部件的主参数。可以双击已锁定参数并更改其值。当参数被锁定后，其可用存储值的下拉列表被禁用。更改主参数的值会导致其他参数值被同步更改，以反映有效配置信息。与标准件可用值不匹配的用户定义值将以红色文本进行显示。另外，可以选择"仅显示详细信息"列表中标准件的主参数。

8. 腔增强功能

在创建腔时，可将组件指定为工具，并可以指定引用集。

9. 冷却增强功能

可以使用更少的鼠标单击次数创建冷却水路，并可以定义冷却管路面的冷却液类型。

（1）冷却水路增强功能。当使用冷却水路命令时，不再需要在每个挡板上定义冷却水路的方向。UG NX 12 软件将自动前进到下一个冷却水路的相交处，从而继续定义回路。

（2）冷却液类型属性。变量名为 CHANNEL_FACE = <MW_COOLANT_TYPE>的新属性可以在使用定义水路命令时定义水路的冷却液类型。

10. 包容体增强功能

可以为长方体创建最小包容体，也可以在创建圆柱体时指定其原点。

11. 坯料尺寸增强功能

在创建圆柱坯料时，可以选择在坯料尺寸和毛坯大小尺寸中是否显示直径符号。

12. 设计填充增强功能

在使用设计填充命令时，UG NX 12 软件自动将浇口组件添加到多腔模具的所有分流道中，不再需要单独将浇口添加到分流道的每个位置。

13. 设计顶杆增强功能

"设计顶杆"对话框增加了使扁顶杆可根据面几何体自动定向的功能，且可以指定已添加顶杆的父对象；使用"与加强筋的边对齐"选项自动旋转添加到模具设计中的扁顶杆；在输入框中输入指定距离，扁顶杆即可放置在与加强筋的边指定距离的位置处。若要将扁顶杆放置在加强筋的中心位置处，只需要将距离指定为加强筋厚度的一半。

使用"与加强筋对齐"这一选项可以节省时间，免去了旋转和移动扁顶杆的反复调试过程。通过指定父件，可在模具设计中自动重复对已添加顶杆的任何更改。

14. 物料清单增强功能

可以向物料清单模板中添加脚注信息（包括常规文本）或装配的属性。

15. 重用库增强功能

可以通过"重置库路径"选项来指定重用库的位置。

16. 翻转方向增强功能

在模具设计中，可以翻转模架基本子组件的方向。此选项曾在 UG NX 10 软件的注塑模向导中被移除，但在 UG NX 12 软件的注塑模向导中恢复了使用。

17. 概念设计增强功能

在向 UG NX 12 软件中添加概念对象时，可以编辑部件名。右键单击部件名并选择"重命名"选项，"部件名管理"对话框被打开后，可指定概念对象的新名称。

18. 材料属性增强功能

在注塑模向导中，可以在标准件电子表格中定义部件的材料，不会产生材料冲突。如果所定义材料的名称与在材料库中列出的名称匹配，系统会将材料库的信息指派给实体部件，并在组件属性对话框的材料节点下创建名为"材料"的属性。如果所定义材料的名称与材料库中列出的名称不匹配，系统会自动将定制材料的变量值指派给变量的 MATERIAL_TOOLING 属性，并在注塑模向导节点下创建此材料。

19. 颜色表达式增强功能

可以使用颜色表达式命令指定面的颜色，不同的颜色可以指派给不同的面。

20. 特征引用集增强功能

可以用新的特征引用集命令向引用集中添加实体的特征。可以控制指派给引用集的特征，该特征以引用集中相同对象的显示方式显示。可以过滤要显示的特征，以及指派和显示表示特征的较简单的几何体。

21. 重命名和导出组件增强功能

可以指定组件重命名的命名规则。从命名规则的下拉列表中选择工装命名规则，然后在输入框中指定命名规则。

1.3.2 UG NX 12 Mold Wizard 菜单选项功能简介

安装 UG NX 12 Mold Wizard 到 UG NX 12.0 目录下后，启动软件，进入软件界面。单击"应用模块"—"特定于工艺"—"注塑模"图标，进入注塑模设计环境，此时弹出如图 1-5 所示的"注塑模向导"工具条。下面简单介绍功能区中各菜单选项及工具区域的功能。

1. 初始化项目

此功能用来导入塑件，是模具设计的第一步，导入零件后系统将生成用于存放布局、分模因素、型芯和型腔等信息的一系列文件。

2. "主要"工具区域

（1）多腔模设计：在一副模具内可以生成多个塑料制品的型芯、型腔，此命令适用于一模内有多腔且为不同零件的应用。

（2）模具坐标系：注塑模向导的自动处理功能是根据坐标系的指向进行的，例如，一般规定 ZC 轴的正向为产品的开模方向，电极沿 ZC 轴方向进给，滑块沿 XC、YC 轴方向移动等。

（3）收缩率：收缩率是模内成型空腔大小与冷却后塑件实际尺寸大小的比例系数，产品在充模时，由相对温度较高的液态塑料快速冷却，凝固生成固体塑料制品，从而产生一定的尺寸缩小量。在一般情况下，必须把产品的收缩尺寸补偿到模具相应的尺寸里面，模具的成型表面尺寸为塑件的实际尺寸加上收缩补偿尺寸。

（4）工件：也叫毛坯，是用来生成模具型芯和型腔的实体，并且与模架相连接，工件的命令及尺寸可通过此功能进行定义。

（5）型腔布局：用于指定零件成品在毛坯中的位置。在进行注射模设计时，如果同一产品进行多腔排布，只需要调入一次产品实体，然后使用该功能即可。

（6）模架库：模架是塑料注射成型工艺中不可缺少的工具，模架库是安装型芯和型腔等成型零件、顶出和分离等机构的基础工具，在注塑模向导中，模架库内的模架都是标准的，标准模架是由结构、形式和尺寸都标准、系统化，且具有一定互换性的零件成套组合而成的。

（7）标准件库：标准件库把模具的一些常用附件标准化，便于替换使用，在注塑模向导中，标准件库包括螺钉、定位圈、浇口套、推杆、推管、回程杆及导向机构等，镶块、电极和冷却系统等也有标准件库可供选择。

（8）顶杆后处理：顶杆后处理也是标准件的一种，用于在分模时把成品顶出模腔，该功能的目的是完成顶杆后处理长度的延伸和头部的修剪。

（9）滑块和浮升销库：在零件上通常有侧向（相对于模具的顶出方向）凸出或凹进的特征，一般正常的开模动作不能顺利地分离这样的零件成品，往往需要在这些部位建立滑块，使滑块在分模之前先沿侧向运动离开，然后模具才可以顺利开模并分离零件成品。

（10）子镶块：一般是在考虑加工问题或模具的强度问题时添加的，在模具上常常有一些特征，使模具的制造有着较大的难度和成本，这时就需要使用镶块，镶块的创建可以使用标准件，也可以添加实体进行创建，或者从型芯或型腔的毛坯上通过分割获得实体再进行创建。

（11）设计填充█：在塑料注射模内具有将熔融塑料引导至模腔的流动通道。这些通道的设计因零件形状、尺寸和待成型零件的数量而异。最常见的通道称为冷流道系统。冷流道系统通常由主流道、分流道和浇口这3种类型的通道组成。使用"设计填充"功能可以创建这些通道。

（12）流道█：流道是浇道末端到浇口间的流动通道，流道的形式和尺寸往往受到塑料成型特性、塑件大小、塑件形状以及用户要求等因素的影响。

（13）电极█：电极是在模具制造领域电火花成型加工中的一种工艺零件。注塑模通常具有非常复杂的型芯和型腔外形，因此数控车削、数控铣削以及线切割、电火花加工等特殊加工方法在模具制造过程中经常被采用，该功能一般是在设计电极时使用的。

（14）腔█：腔工具用于在型芯、型腔上需要安装标准件的区域中建立空腔并留出空隙，在使用此功能时，所有与之相交的零件部分都会自动切除标准件部分，并且保持尺寸及形状与标准件的相关性。

（15）物料清单█：物料清单也称明细表，是基于模具装配状态产生的与装配信息相关的模具部件列表，物料清单上显示的项目可以由用户自行选择。

（16）视图管理器█：视图管理器一般用于对视图进行管理。

3. "注塑模工具"工具区域

此区域的功能是修补零件中的各种孔、槽以及修剪补块，目的是能做出一个分型面，且使此分型面可以被软件识别。此外，该工具区域可以简化分模过程，以及改变型芯、型腔的结构。

4. "分型刀具"工具区域

分型也叫分模，是创建模具的关键步骤之一，是把毛坯分割成型芯和型腔的一个过程。分型包括创建分型线、分型面，以及生成型腔、型芯的过程。

5. "冷却工具"工具区域

此区域的功能是控制模具温度，模具温度会影响模具的收缩率、表面光泽、内应力及注塑周期等，控制模具温度是提高产品质量、提高生产效率的有效途径之一。

6. 模具图纸

此功能用于创建模具工程图，与一般的零件或装配体的工程图类似。

1.3.3　Mold Wizard 模具设计过程

注塑模向导需要以一个 UG NX 的三维实体模型作为模具设计原型。如果实体模型不是 UG NX 的文件格式，则必须转换成 UG NX 的文件格式或重新使用 UG NX 的文件格式进行建模。如果一个实体模型不适合作为模具设计的原型，则需要用 UG NX 标准的建模造型技术编辑该模型。

注塑模向导的模具设计流程图如图 1-6 所示，流程图左边起始准备阶段的四个步骤是模具设计者在使用注塑模向导之前要做的准备工作，流程图的前三步用来创建和判断一个三维实体模型能否适用于模具设计，一旦确定使用该模型作为模具的设计依据，第四步就可以开始计划如何实施模具设计。

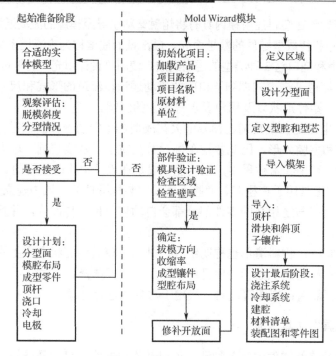

图 1-6　模具设计流程图

　　注塑模向导遵循模具设计的一般规律，从注塑模向导工具条中的图标排列顺序就可以看出，图标从左至右有序排列，基本能对应模具设计的各个步骤。

1.4　本章小结

　　本章主要介绍了塑料注射模设计的一些基本理论知识，包括注射成型原理、塑件的结构工艺性、塑料注射模的基本结构、模具的设计步骤、在注射模设计过程中所使用的 CAD 技术，以及对 UG NX 12 Mold Wizard 的一些简单说明。了解塑料注射模的基础知识和模具的设计流程是使用注塑模向导进行塑料注射模设计的基础。

第二章 单分型面注射模设计

塑料注射模单分型面注射模一般是指只有一个分型面的注射模，也叫两板式注射模，一般由成型零件、模架、浇注系统、冷却系统、推出机构等部分组成。

注塑模向导的设计过程与常规模具的设计过程类似，也与工具条图标顺序大致相同，注塑模向导根据设计过程，可以分为初始化项目、前期分析准备、分型、结构设计、图纸输出及其他后续处理等部分。本章将以如图 2-1 所示的前框产品为例，通过注塑模向导的自动设计过程进行项目初始化，然后设计该产品的塑料注射模的结构。

图 2-1 前框

教学目标：

1．掌握单分型面注射模的设计方法。

2．掌握用 UG NX 12 Mold Wizard 设计模具的流程。

3．掌握注射模各个系统、机构的设计要点。

2.1 启动 UG 和 Mold Wizard

在开始设计前，首先创建工作目录，即新建一个文件夹，将产品模型文件 QIANKUANG.prt 复制到该文件夹中，在后续整个模具设计过程中所产生的文件都保存在该工作目录中，以方便技术文档的管理。

1．单击计算机桌面左下角的"开始"图标，进入程序列表，单击"Siemens NX12.0"中的"NX12.0"图标，也可在桌面双击"NX12.0"图标，启动 UG NX 12 软件。

2．打开文件\...\QIANKUANG.prt 后，单击 UG NX 12 软件功能区"应用模块"图标，在"应用模块"工具条的"特定于工艺"工具区域中，单击"注塑模"图标，显示"注塑模向导"工具条，如图 2-2 所示。

3．选择"文件"—"关闭"—"全部保存并关闭"命令，保存并退出打开的文件。

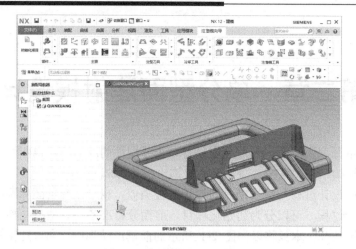

图 2-2 "注塑模向导"工具条

2.2 初始化项目

注塑模向导设计过程的第一步是加载产品和对设计项目进行初始化。在初始化设计项目的过程中,注塑模向导将自动产生一个模具装配结构,该装配结构由构成模具所必需的标准元素组成。

1. 在"注塑模向导"工具条中单击加载产品的"初始化项目"图标,弹出"部件名"对话框,选择在文件路径"\...\第二章\2-1"文件夹下的产品文件 QIANKUANG.prt,如图 2-3 所示,即可把该产品的三维实体模型加载到模具装配结构中。

2. 单击"OK"按钮确认选择被加载的产品模型文件后,便会出现如图 2-3 所示的"部件名"对话框。如果此时已经打开模型文件 QIANKUANG.prt,则将直接弹出"初始化项目"对话框,如图 2-4 所示。

图 2-3 "部件名"对话框

在"项目设置"功能区中,"路径"被自动设置为"\...\第二章\2-1"文件夹,"Name"默认为模型文件的文件名。单击"材料"选项右侧下拉小三角选择"ABS"选项,在"收缩"选项中,收缩率将自动设置为 1.006,在初始化项目的过程中,默认配置模具装配结构的种子块类型为 Mold.V1。单击"确定"按钮即可完成初始化项目操作。

3. 在装配导航器的视窗中将显示系统自动产生的模具装配结构，单击模具装配结构前的"+"号展开子装配树，装配导航器视窗即可显示完整的模具装配结构，如图 2-5 所示。

图 2-4　"初始化项目"对话框　　　　　图 2-5　模具装配结构

注塑模向导自动保存该模板的装配结构，中间名称为 top。模具设计过程是在一个种子装配的模板装配结构中进行的，最初的文件 QIANKUANG.prt（包括其他产品文件）是只读文件，在模具设计过程中，无法以修改原始模型文件的方式把内容传递到模具设计的零件中。

2.3　模具坐标系

定义模具坐标系在模具设计中非常重要。注塑模向导规定坐标原点应位于模架的动、定模板接触面的中心；坐标主平面 *XC-YC* 平面规定在动模、定模的分模面上；*ZC* 轴的正方向为模具顶出的方向。

由于有些产品在建模时没有为模具设计进行定位，所以在模具设计时需要进行重定位，使它们能被放置在模具装配里的正确的位置。模具坐标系的功能是重新定位收缩件中的产品模型的链接复制件，为了维持相关性，链接体及装配重定位的方法优于系统变换命令的操作方法。

1. 打开注塑模向导，在"注塑模向导"工具条的"主要"工具区域中单击"模具坐标系"图标，弹出"模具坐标系"对话框，如图 2-6 所示。

2. 在加载该产品后，工作坐标正好位于分型面上，*ZC* 轴的方向也已指向开模方向，所以勾选"当前 WCS"选项，单击"确定"按钮，即可将模具坐标系与工作坐标系相匹配。在后面的章节中将介绍更多有关该对话框的内容。

图 2-6　"模具坐标系"对话框

2.4　收缩率

收缩率是一个比例系数，用于塑胶产品模型冷却收缩后的补偿。如果型腔和型芯的模型设计过程是全相关的，则可以在模具设计过程的任何时刻设定或调整该收缩率的值。可设定 shrink（带补偿收缩）部件作为工作部件，再在 shrink 部件中的产品模型的几何链接复制件上加上比例特征。

1．在"注塑模向导"工具条中单击"收缩率"图标，弹出"缩放体"对话框，如图 2-7 所示。

图 2-7 "缩放体"对话框

2．在初始化项目时，已经定义材料为 ABS，同时默认收缩率为 1.006，此处默认不需要修改。单击"确定"按钮，收缩率将应用到 shrink 部件上。在后面的章节中将介绍更多有关该对话框的内容。

2.5 工件

工件功能用于定义创建型腔和型芯的镶块体。

1．在"注塑模向导"工具条中单击"工件"图标，弹出"工件"对话框，如图 2-8 所示。随着"工件"对话框被打开，工件将自动进入工作部件状态。

图 2-8 "工件"对话框

2．"定义类型"选项选择"参考点"，X 轴正负方向的值都设置为 70，Y 轴正负方向的值都设置为 80，Z 轴正、负方向的值分别设置为 50、40，然后单击"确定"按钮，完成工件的定义。此时显示的 top 恢复为工作部件状态。

2.6　型腔布局

型腔布局功能可以添加、移除或重定位模具装配结构里的分型组件。布局组件下有多个产品节点，每添加一个型腔就会在布局节点下面添加一个产品子装配树的整列的子节点。本模具一模一腔，不需要布局，但需要设计插入腔。

1. 在"注塑模向导"工具条的"主要"工具区域中单击"型腔布局"图标，弹出"型腔布局"对话框，如图2-9所示。

2. 在"编辑布局"区域中，单击"编辑插入腔"图标，进入"插入腔"对话框，如图2-10所示。

图2-9　"型腔布局"对话框

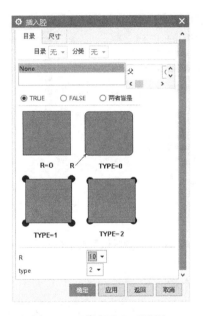

图2-10　"插入腔"对话框

3. 在"插入腔"对话框的"目录"选项卡中，选择"R"（圆角）的大小为10，选择"type"的值为2，单击"确定"按钮，返回"型腔布局"对话框，单击"关闭"按钮，完成插入腔的设计。可以在装配导航器组件（misc）中查看或关闭查看插入腔零件。

2.7　分型设计

在进行分型前，有些产品在实体上有开放的孔，这时就需要在分型前修补这些凹槽或孔，一般将修补的部分添加到型芯或型腔中。

2.7.1　检查区域

"检查区域"命令可以分析模型面的拔模斜度、底切面、区域和边、拆分面，将面按颜色划分为型腔和型芯区域，以及检查单个面的属性等。

1. 在"分型刀具"工具区域中单击"检查区域"图标，弹出"检查区域"对话框，如图 2-11 所示。此时在装配导航器中只显示 parting 部件。

2．指定脱模方向为 ZC 的正方向，在"计算"区域中，勾选"选项"下的"全部重置"选项，再单击"计算"图标■，完成面的计算。

3．选择"面"选项卡，单击"设置所有面的颜色"图标，图形区域将按默认设置的颜色显示所有的面，同时各个面按照设定的斜度颜色进行着色。

4．选择"区域"选项卡，单击"设置区域颜色"图标，图形区域将按默认的颜色定义型腔区域面和型芯区域面。

5．单击"确定"按钮，完成型腔区域面和型芯区域面的着色，结果如图 2-12 所示。在后面的章节中将介绍更多有关该对话框的内容。

图 2-11　"检查区域"对话框

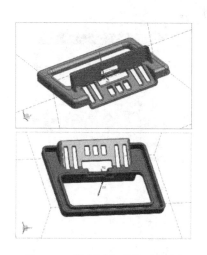

图 2-12　型腔面和型芯面的着色

2.7.2　曲面补片

曲面补片是最简单的修补方法。当含有包含孔的面时，注塑模向导会搜索面上闭合的边界环（孔），高亮显示每个孔的边缘，提示选择或取消选择要修补的高亮显示的孔，并将选中的孔添加到环列表中。

1．在"分型刀具"工具区域中单击"曲面补片"图标◈，弹出"边补片"对话框，如图 2-13 所示。

2．在"环选择"区域中，"类型"选择"体"，选择图形区零件实体，在"环列表"中显示环，单击"确定"按钮，初步完成曲面补片。

3．查看图形，若发现补面不符合要求，则右键单击不符合要求的面，弹出快捷菜单，单击"删除"按钮，如图 2-14 所示。

4．再次单击"曲面补片"图标◈，弹出"边补片"对话框，在"环选择"区域中，"类型"选择"遍历"，取消勾选"按面的颜色遍历"选项，选择如图 2-15 所示的边，在段区域中单击 4 次"接受"按钮，单击"关闭环"按钮，单击"边补片"对话框的"应用"按钮，完成该孔部分补片。采用同样的方法，完成该孔其余部分的补片，完成后的曲面补片如图 2-16 所示。

图 2-13　"边补片"对话框

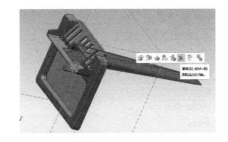

图 2-14　删除面

图 2-15　遍历边

图 2-16　曲面补片

单击"取消"按钮退出"边补片"对话框。

2.7.3　定义区域

注塑模向导推荐使用面颜色的方法来定义型腔和型芯区域。实际上在前面检查区域功能中已经有了型腔区域面和型芯区域面的颜色。

1. 在"注塑模向导"工具条中单击"定义区域"图标，弹出"定义区域"对话框，如图 2-17 所示。

2. 勾选"设置"区域中的"创建区域"和"创建分型线"选项，单击"确定"按钮完成区域和分型线的定义。

2.7.4　设计分型面

设计分型面功能用于将分型线延伸到工件外沿，产生一个片体，该片体起到把工件分割成型芯和型腔的作用，且分型线内的开放区域已经完成修补。注塑模向导用这些修补的片体和分型面片体去修剪种子块，创建型芯和型腔。该修剪操作要求用一个完整的片体来切断型芯和型腔的内部连接。如果没有曲面补片修补的片体去分割内部连接，就不能成功地创建型芯和型腔。

1．在"注塑模向导"工具条中单击"设计分型面"图标 ，弹出"设计分型面"对话框，如图 2-18 所示。

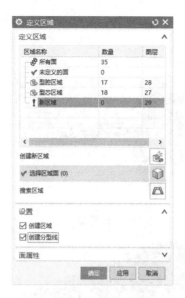

图 2-17 "定义区域"对话框

图 2-18 "设计分型面"对话框

2．在"设计分型面"对话框的"编辑分型段"区域中，单击"选择过渡曲线"图标，在图形区中选择如图 2-19 所示的产品外部的 4 个圆角曲线为过渡曲线，再单击"应用"按钮。

3．在"创建分型面"区域中，"方法"选择"拉伸"，"延伸距离"修改为 100（此时注意分型面覆盖区域必须大于工件线框），"拉伸方向"依次选择-XC、-YC、YC、XC，依次单击"应用"按钮、"取消"按钮，退出"设计分型面"对话框，完成分型面的设计，如图 2-20 所示。

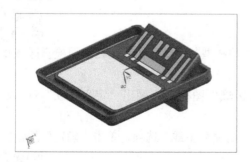

图 2-19 选择过渡曲线

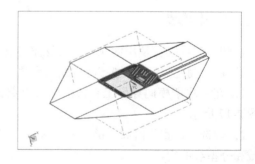

图 2-20 分型面

2.7.5 定义型腔和型芯

通过定义区域和设计分型面功能，系统识别了运用到型腔侧和型芯侧的面，并在分型线和工件外侧面之间延伸出了一个用于分型的片体。当通过定义型腔和型芯功能搜集了这些创建型腔、型芯的必要信息后，注塑模向导便开始创建型腔和型芯。

1．在"分型刀具"工具区域中单击"定义型腔和型芯"图标 ，弹出"定义型腔和型芯"对话框，如图 2-21 所示。

2．在"选择片体"区域中，"区域名称"选择"型腔区域"，"型腔区域"片体默认选择分型面和型腔侧区域 2 个片体，单击"应用"按钮，弹出"查看分型结果"对话框，如图 2-22 所示。若图形正确，单击"确定"按钮，否则单击"法向反向"按钮后再次单击"确定"按钮。采用同样方法定义型芯区域。

3．也可以在"区域名称"中选择所有区域，依次查看型腔和型芯的分型结果，单击"确定"按钮完成型腔和型芯的定义。

4．单击"取消"按钮，退出"定义型腔和型芯"对话框，完成型腔和型芯的定义，完成后的型腔和型芯如图 2-23 所示。

图 2-21 "定义型腔和型芯"对话框

5．在装配导航器中选中"parting"，右键单击后出现快速编辑菜单，选择"在窗口中打开父项"选项，然后选择"top"，图形区将显示完成分型后的模型，装配导航器将显示完整的模型目录。

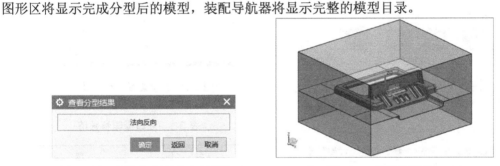

图 2-22 "查看分型结果"对话框

图 2-23 型腔和型芯

2.8 模架库

注塑模向导提供了包含电子表格驱动的模架库，这些库中的模架和标准件可加入模具的装配，还可以按照用户的需要扩展这些库，以及进行客户化。

模架库提供的模架目录有 HASCO、DME、FUTABA 和 LKM 等，还有一些其他的目录可以自定义，作为客户化的通用模架。

2.8.1 调入模架

1．在"注塑模向导"工具条的"主要"工具区域中单击"模架库"图标 ，左侧弹出"重用库"导航器，"名称"选择"LKM_SG"，"成员选择"选择"C"，如图 2-24 所示，然后弹出"模架库"对话框和"信息"对话框，如图 2-25 和图 2-26 所示。

2．在"模架库"对话框的"详细信息"区域中按表 2-1 修改参数值后，单击"确定"按钮，系统自动导入模架。关闭属性不匹配的信息提示窗口。

图 2-24 "重用库"导航器

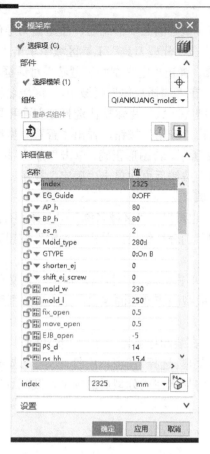

图 2-25 "模架库"对话框

表 2-1 修改模架参数值

名 称	值
index	2325
Ap_h	80
Bp_h	80
Mold_type	280:I
fix_open	1
move_open	1
ps_y	130
ps_n	2
EJB_open	-5

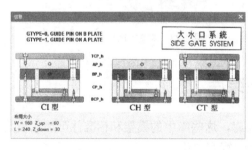

图 2-26 "信息"对话框

2.8.2　开腔

　　动、定模板需要装配型腔和型芯，所以板内需要进行开框，在 UG NX 12 注塑模向导中开框被称为开腔。

1．在装配导航器中取消勾选定模部分组件，图形区将显示动模组件和成型零件。

2．在"注塑模向导"工具条的"主要"工具区域中，单击"腔"图标，弹出"开腔"对话框，如图2-27所示。

3．在"开腔"对话框中，"目标"选择动模板，"工具"选择创建的腔零件（pocket）。单击"应用"按钮，再单击"取消"按钮，完成动模开腔设计。

4．参照以上步骤完成定模部分的开腔设计。

2.9　浇注系统设计

2.9.1　定位圈设计

图2-27　"开腔"对话框

1．在"注塑模向导"工具条的"主要"工具区域中单击"标准件库"图标，左侧弹出"重用库"导航器，"名称"选择"FUTABA_MM"下的"Locating Ring Interchangeable"，"成员选择"选择右边的"Locating Ring"，如图2-28所示，弹出"标准件管理"对话框和"信息"对话框，如图2-29和图2-30所示。

2．在"标准件管理"对话框的"详细信息"区域中，修改"DIAMETER"的值为120，单击"确定"按钮，完成定位圈的设计，最后关闭属性不匹配的信息提示窗口。

图2-28　"重用库"导航器　　图2-29　"标准件管理"对话框　　图2-30　"信息"对话框

2.9.2　浇口套设计

1．单击"标准件库"图标，左侧弹出"重用库"导航器，"名称"选择"FUTABA_MM"下的"Sprue Bushing"，"成员选择"选择右边的"Sprue Bushing"，如图2-31所示，弹出"标准件管理"对话框，如图2-32所示。

图 2-31　标准件目录

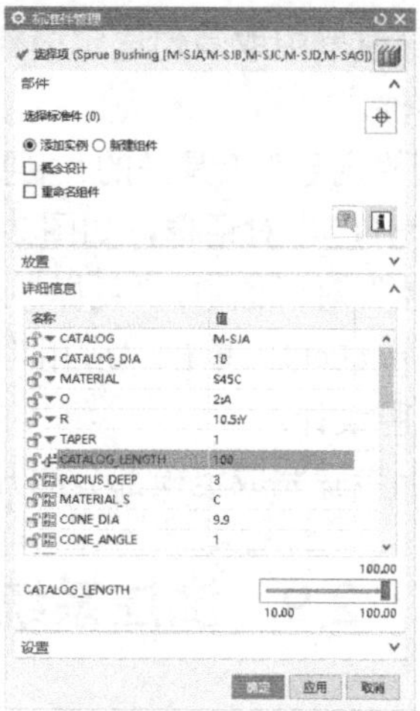

图 2-32　“标准件管理”对话框

2．在“标准件管理”对话框的“详细信息”区域中，修改“CATALOG_LENGTH”的值为 100，单击“确定”按钮，完成浇口套的初步设计。

3．通过左视图查看图形，发现浇口套偏长，测量浇口套端面和分型面之间的距离，然后再次单击“标准件库”图标，弹出“标准件管理”对话框，在“部件”区域中，单击“选择标准件”图标，在图形区中选择浇口套，并修改浇口套长度参数“CATALOG_LENGTH”的值为 91.2，最后单击“确定”按钮，完成浇口套的设计。再次在图形区中查看，发现浇口套符合设计要求，浇口套的底面位于分型面上。

2.9.3　分流道设计

1．在“注塑模向导”工具条的“主要”工具区域中单击“设计填充”图标，在左侧“重用库”导航器的“成员选择”中，选择“Runner[2]”，如图 2-33 所示，弹出“设计填充”对话框和“信息”对话框，如图 2-34 和图 2-35 所示。

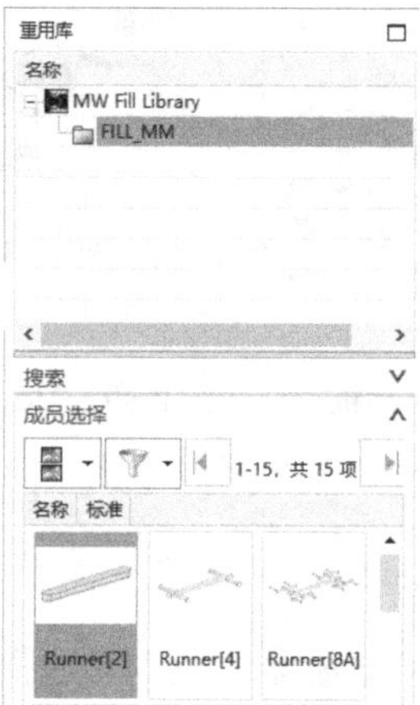

图 2-33　“重用库”导航器

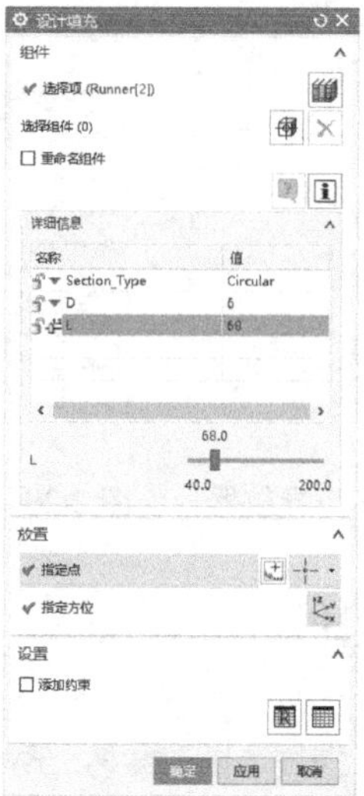

图 2-34　“设计填充”对话框

2．在"设计填充"对话框的"详细信息"区域中，修改"D"的值为6，修改"L"的值为78。单击"放置"区域中的"指定点"图标 ⊥ ，弹出"点"对话框，输入 *X*、*Y*、*Z* 的坐标为（0，0，3.018），单击"确定"按钮，退出"点"对话框。

3．单击"放置"区域中"指定方位"的操纵器图标 ↖ ，在图形区中选择 *XC* 和 *YC* 之间的操纵点，在"角度"框中输入90，如图2-36所示，按下回车键后，分流道将旋转90°。

4．单击"取消"按钮，退出"设计填充"对话框，完成分流道的设计。

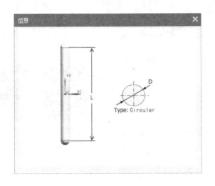

图2-35 "信息"对话框

图2-36 旋转分流道

2.9.4 浇口设计

1．在"注塑模向导"工具条的"主要"工具区域中，单击"设计填充"图标 ▦ ，在左侧"重用库"导航器的"成员选择"中，选择"Gate[Side]"，如图2-37所示，然后弹出"设计填充"对话框和"信息"对话框，如图2-38、图2-39所示。

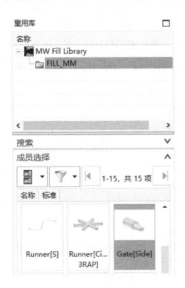

图2-37 "重用库"导航器

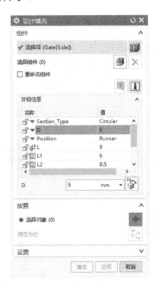

图2-38 "设计填充"对话框

2．在"设计填充"对话框的"详细信息"区域中，修改"D"的值为6，在"放置"区域中单击"选择对象"图标 ⊕ ，在图形区中选择分流道，单击"应用"按钮，再单击"取消"按钮，退出"设计填充"对话框。完成后的图形如图2-40所示。

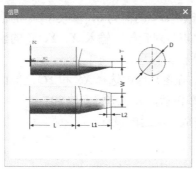

图 2-39 "信息"对话框

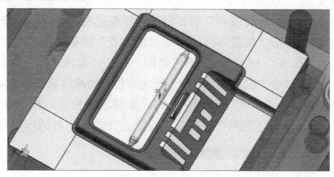

图 2-40 浇口

2.9.5 拉料杆设计

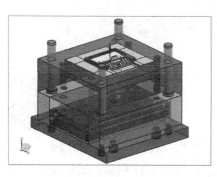

图 2-41 图形区

1. 在左侧装配导航器中，取消其他组件的显示，图形区显示动模、型芯和分流道等组件，如图 2-41 所示。

2. 在"注塑模向导"工具条的"主要"工具区域中单击"标准件库"图标，左侧弹出"重用库"导航器，"名称"选择"FUTABA_MM"下的"Sprue Puller"，选择"成员选择"中的"Sprue Puller"，如图 2-42 所示，然后弹出"标准件管理"对话框和"信息"对话框，如图 2-43 和图 2-44 所示。

3. 在"标准件管理"对话框"详细信息"区域中，修改"CATALOG_DIA"的值为 6，修改"CATALOG_LENGTH"的值为 125，修改"HEAD_HEIGHT"的值为 5，修改"C_BORE_DEEP"的值为 5，在"放置"区域中，单击"选择面或平面"图标，在图形区中选中推板的上平面，单击"应用"按钮，弹出"标准件位置"对话框，选择默认的坐标（0，0），单击"确定"按钮，返回到"标准件管理"对话框。

  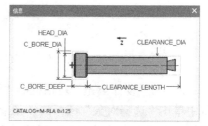

图 2-42 "重用库"导航器　　图 2-43 "标准件管理"对话框　　图 2-44 "信息"对话框

4．此时，"标准化管理"对话框中部分内容已经改变，在"部件"区域中，单击"翻转"图标，再单击"确定"按钮，退出"标准件管理"对话框，完成拉料杆的创建。

5．在左侧装配导航器中，选择"misc"组件内的拉料杆"Sprue_Puller"，单击右键，弹出快速编辑菜单，选择"在窗口中打开"选项。

6．在应用模块中，单击"建模"图标，进入建模模式。隐藏ϕ8.2的圆柱，删除倒锥部分的4个面。在"注塑模向导"工具条的"注塑模工具"工具区域中，单击"包容体"图标，弹出"包容体"对话框，如图2-45所示。

7．选择"类型"为"中心和长度"，在"尺寸"区域中，分别输入X、Y、Z的长度10、8、10，选择圆柱体端面的象限点，单击"确定"按钮，创建包容块。

8．在"主页"工具条的"特征"工具区域中，单击"减去"图标，弹出"求差"对话框，"目标"选择拉料杆，"工具"选择包容块，在"设置"区域中取消勾选"保存工具"选项，单击"应用"按钮，再单击"取消"按钮，完成拉料杆的求差。

9．在"主页"工具条的"特征"工具区域中，单击"拔模"图标，弹出"拔模"对话框。"脱模方向"选择ZC，在选择固定面时选择拉料杆的端面，"要拔模的面"选择拉料杆求差后的侧面，"角度1"输入10，单击"确定"按钮，完成拔模。

10．在"主页"工具条的"特征"工具区域中，单击"边倒圆"图标，弹出"边倒圆"对话框，在"边"区域中，"半径1"设为1，在图形区中选择拔模后的斜面2条横向边，单击"应用"按钮，再单击"取消"按钮，完成后的图形如图2-46所示。

图2-45　"包容体"对话框

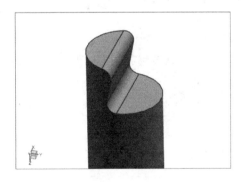

图2-46　拉料杆

2.10　冷却系统设计

2.10.1　动模冷却系统设计

1．在"注塑模向导"工具条的"冷却工具"工具区域中单击"冷却标准件库"图标，左侧弹出"重用库"导航器，"名称"选择"COOLING_UNIVERSAL"，"成员选择"选择

"Cooling[Core_O_type]",如图 2-47 所示,弹出"冷却组件设计"对话框和"信息"对话框,如图 2-48、图 2-49 所示。

图 2-47 "重用库"导航器

图 2-48 "冷却组件设计"对话框

2．在"冷却组件设计"对话框的"详细信息"区域中,修改参数"COOLING_D"的值为 8,修改"H1"的值为 15,修改"L1""L2""L3""L4""L5"的值为 25,修改"L6""L7"的值为 60,单击"应用"按钮,再单击"取消"按钮,完成后的动模冷却通道如图 2-50 所示。

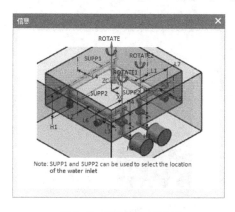

图 2-49 "信息"对话框

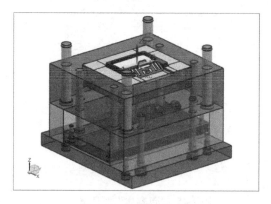

图 2-50 动模冷却通道

2.10.2 定模冷却系统设计

1．在左侧装配导航器中勾选定模和型腔,取消勾选动模和型芯等,确认图形区显示定模和型腔部分,如图 2-51 所示。

2．在"注塑模向导"工具条的"冷却工具"工具区域中单击"冷却标准件库"图标 冒,左侧弹出"重用库"导航器,"名称"选择"COOLING_UNIVERSAL","成员选择"选择"Cooling[Cavity_O_type]",弹出"冷却组件设计"对话框。

3. 在"冷却组件设计"对话框的"详细信息"区域中，修改"COOLING_D"的值为8，修改"X_OFFSET"的值为-45，修改"L1""L2""L3""L4"的值为25，修改"L5""L6"的值为60，单击"应用"按钮，再单击"取消"按钮，完成后的定模冷却通道图形如图2-52所示。

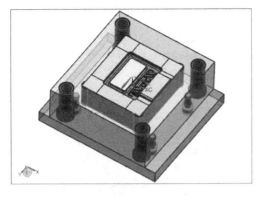

图 2-51 图形区

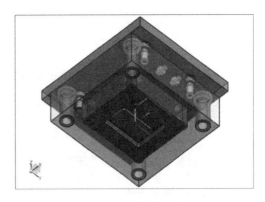

图 2-52 定模冷却通道

2.11 推出机构设计

2.11.1 2-φ8 推杆设计

1. 在左侧装配导航器中，勾选型芯零件"core"和动模组件"movehalf"，图形区显示型芯和动模组件，其余部件不可见。

2. 在"注塑模向导"工具条的"主要"工具区域中单击"标准件库"图标，左侧弹出"重用库"导航器，"名称"选择"FUTABA_MM"下的"Ejector Pin"，"成员选择"选择左边的"Ejector Pin Straight"，如图2-53所示，弹出"标准件管理"对话框和"信息"对话框，如图2-54、图2-55所示。

图 2-53 "重用库"导航器

图 2-54 "标准件管理"对话框

3．在"标准件管理"对话框的"详细信息"区域中，修改"CATALOG_DIA"的值为8，修改"CATALOG_LENGTH"的值为 150，单击"应用"按钮，进入"点"对话框，为顶杆指定位置，如图 2-56 所示。

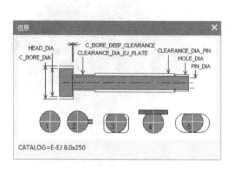

图 2-55 "信息"对话框

图 2-56 "点"对话框

4．调整视图为俯视图方向，输入 *XC*、*YC* 坐标（32，42），单击"确定"按钮，此时第一个推杆生成。再次输入 *XC*、*YC* 坐标（32，−42），单击"确定"按钮，此时第二个推杆生成。单击"取消"按钮，返回到"标准件管理"对话框，单击"取消"按钮，退出"标准件管理"对话框。

2.11.2 6-ϕ5 推杆设计

1．单击"标准件库"图标，在"重用库"导航器中，"名称"选择"FUTABA_MM"下的"Ejector Pin"，"成员选择"选择左边的"Ejector Pin Straight"，弹出"标准件管理"对话框，在"标准件管理"对话框的"详细信息"区域中，修改"CATALOG_DIA"的值为5，修改"CATALOG_LENGTH"的值为150，单击"应用"按钮，进入"点"对话框。

2．调整视图为俯视图方向，依次输入 *XC*、*YC* 坐标为（12，44）、（12，−44）、（34，44）、（34，−44）、（14，14）、（14，−14），依次单击"确定"按钮。再单击"取消"按钮，返回到"标准件管理"对话框，单击"取消"按钮，退出"标准件管理"对话框。

2.11.3 2-ϕ5 推杆设计

1．单击"标准件库"图标，在"重用库"导航器中，"名称"选择"FUTABA_MM"下的"Ejector Pin"，"成员选择"选择左边的"Ejector Pin Straight"，弹出"标准件管理"对话框，在"标准件管理"对话框的"详细信息"区域中，修改"CATALOG_DIA"的值为5，修改"CATALOG_LENGTH"的值为150，修改"HEAD_TYPE"的值为3（此推杆端面为非平面），单击"应用"按钮，进入"点"对话框。

2．调整视图为俯视图方向，依次输入 *XC*、*YC* 坐标为（37.5，24.5）、（37.5，−24.5），依次单击"确定"按钮。再单击"取消"按钮，返回到"标准件管理"对话框，单击"取消"按钮，退出"标准件管理"对话框。完成后的推杆设计如图 2-57 所示。

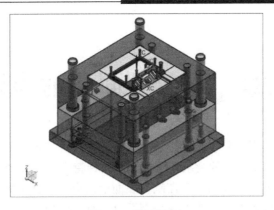

图 2-57　推杆设计

2.11.4　推杆后处理

1．在"注塑模向导"工具条的"注塑模工具"工具区域中，单击"顶杆后处理"图标，弹出"顶杆后处理"对话框，如图 2-58 所示。

2．在"目标"区域中，选中所有推杆，单击"应用"按钮，再单击"取消"按钮，完成推杆的修剪，完成的图形如图 2-59 所示。

图 2-58　"顶杆后处理"对话框　　　　　图 2-59　修剪推杆

2.12　本章小结

本章以产品——前框为例，通过 Mold Wizard 的自动设计过程进行项目初始化，然后设计该产品的单分型面塑料注射模的结构。Mold Wizard 的设计过程与常规模具的设计过程类似，也与工具条图标顺序大致相同，其设计过程可以分为初始化项目、前期分析准备、分型、各系统和机构的结构设计等步骤。

第三章　双分型面注射模设计

许多塑料制品要求外观平整、光滑，不允许有较大的浇口痕迹，这时，单分型面注射模中的各种浇口形式不能满足制品的要求，需要采用一种特殊的浇口形式——点浇口。

点浇口是一种非常细小的浇口，它在制件表面上只会留下针尖大的一点痕迹，不会影响制件的外观。由于点浇口的进料平面不在分型面上，且点浇口为一倒锥形，所以模具必须专门设置一个分型面来取出浇注系统凝料，因此出现了双分型面注射模。

教学目标：

1. 掌握双分型面注射模的设计方法。
2. 掌握定距分模装置的设计方法。
3. 能设计较复杂的分型面。
4. 掌握较复杂冷却系统通道的设计方法。

3.1　模具设计准备

3.1.1　打开文件

图 3-1　"初始化项目"对话框

打开 UG NX 12 软件，单击"主页"工具条的"打开文件"图标，出现"打开文件"对话框，选择文件所在位置"\...\第三章\3-1"文件夹，选中 duangai.prt 文件，单击"OK"按钮，图形区调入该文件的 3D 模型。

3.1.2　初始化项目

1. 单击"注塑模向导"工具条中的"初始化项目"图标。

2. 弹出"初始化项目"对话框，路径选择文件所在位置，单击"材料"下拉小三角选择"ABS"，"收缩"修改为 1.006，其余无须操作，如图 3-1 所示，单击"确定"按钮，完成项目的初始化。

此时，在装配导航器中已经导入了 Mold.V1 模板，如图 3-2 所示。

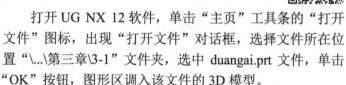

3.1.3　模具设计验证

图 3-2　装配导航器

1. 在"注塑模向导"工具条中，单击"部件验证"工具区域的"模具设计验证"图标，弹出"模具设计验证"对话框，在"检查器"区域中，勾选"铸模部件质量"和

“模型质量”选项，然后单击“执行 Check-Mate”图标进行计算，如图 3-3 所示。

2. 单击“关闭”按钮，HD3D 工具导航器显示分析结果为“通过”或“通过但带信息”。

3. 移动鼠标至图形区选定图标位置，分析结果显示“通过但带信息”的内容，说明拔模角为-3°～0°，其范围内共有 192 个对象面，并以蓝色显示此 192 个对象面，可以通过移动和旋转对象来查看这些对象面。

3.1.4　检查壁厚

1. 在“注塑模向导”工具条中，单击“部件验证”工具区域的“检查壁厚”图标，弹出“检查壁厚”对话框，如图 3-4 所示。

2. 系统自动找到塑件，在“体”区域中选择体的数量为 1。单击“处理结果”区域中的“计算厚度”图标，图形区显示计算结果。单击“确定”按钮，退出“检查壁厚”对话框。

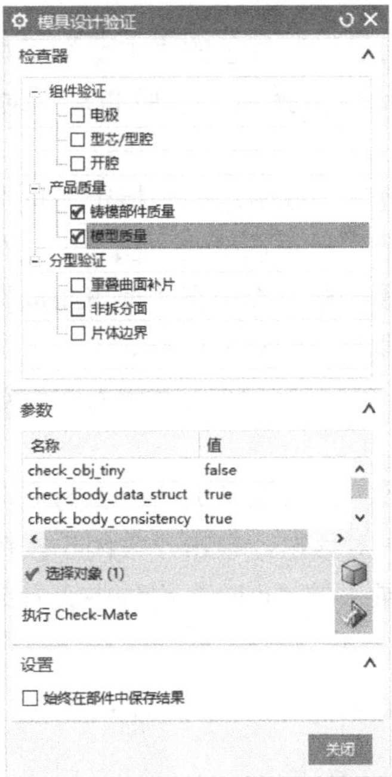

图 3-3　“模具设计验证”对话框

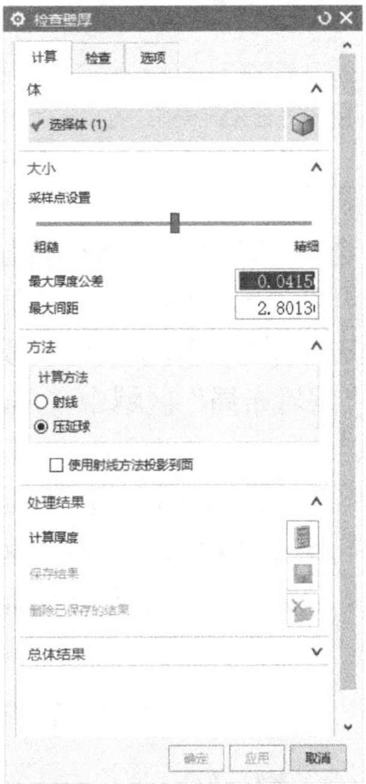

图 3-4　“检查壁厚”对话框

3.2　模具坐标系

1. 单击“注塑模向导”工具条中的“模具坐标系”图标，弹出“模具坐标系”对话框，如图 3-5 所示。

2. 在“模具坐标系”对话框中的“更改产品位置”区域中勾选“选定面的中心”选项，选择产品的底平面，单击“确定”按钮，完成模具坐标系的设计。

图 3-5　“模具坐标系”对话框

图 3-6 "工件"对话框

3.3 工件

1．单击"注塑模向导"工具条中"工件"图标，弹出"工件"对话框，"类型"选择"产品工件"，"定义类型"选择"参考点"，X、Y轴的"负的"和"正的"的数值均修改为70、70，Z轴的"负的"和"正的"的数值修改为30、70，如图3-6所示。

2．单击"确定"按钮，完成工件的设计。

3.4 型腔布局

1．在"注塑模向导"工具条的"主要"工具区域中单击"型腔布局"图标，弹出"型腔布局"对话框，如图3-7所示。

2．在"布局类型"区域中选择"指定矢量"右侧的下拉小三角，选择 YC，"平衡布局设置"区域的"型腔数"选项选择 2，在"生成布局"区域中，单击"开始布局"图标，即可在 YC 方向上生成一模二腔，在"编辑布局"区域中，单击"自动对准中心"图标，一模二腔的成型零件即可自动对准中心。

3．在"编辑布局"区域中，单击"编辑插入腔"图标，进入"插入腔"对话框，如图3-8所示。

4．在"插入腔"对话框的"目录"选项卡中，修改"R"（圆角）的大小为10，单击"应用"按钮，再单击"取消"按钮，返回到"型腔布局"对话框，单击"关闭"按钮，完成插入腔的设计。此时，可在装配导航器的"top"装配目录下的"misc"组件中查看或关闭查看插入腔零件。

图 3-7 "型腔布局"对话框

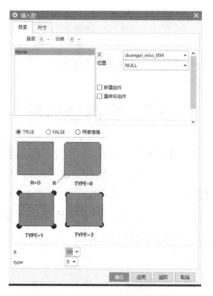

图 3-8 "插入腔"对话框

3.5 分型设计

3.5.1 检查区域

1．在"注塑模向导"工具条中，单击"分型刀具"工具区域中的"检查区域"图标，弹出"检查区域"对话框，在"计算"选项卡的"计算"区域中，勾选"全部重置"选项，单击"计算"图标进行分析，如图3-9所示。

2．计算完成，"计算"区域颜色将变灰。选择"面"选项卡，单击"设置所有面的颜色"图标，将各种样本指定的颜色应用到对应的面上，如图3-10所示。此时，可以查看面拔模角和底切面的数量。

3．选择"区域"选项卡，单击"设置区域颜色"图标，显示颜色样本当前识别的型腔、型芯和未定义面的模型面颜色。在"未定义区域"区域中，勾选"交叉竖直面"选项，在"指派到区域"区域中，勾选"型芯区域"选项，单击"应用"按钮，如图3-11所示。单击"确定"按钮，完成检查区域设计。

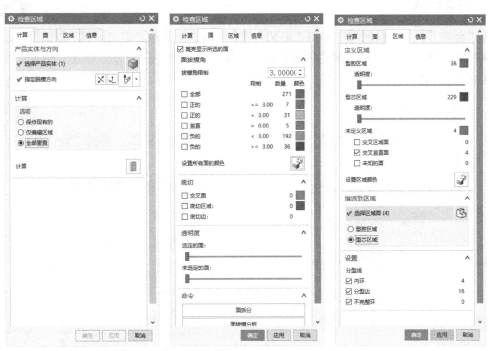

图3-9 "计算"选项卡　　　图3-10 "面"选项卡　　　图3-11 "区域"选项卡

3.5.2 曲面补片

1．单击"分型刀具"工具区域中的"曲面补片"图标，弹出"边补片"对话框，在"环选择"区域中，"类型"选择"体"，在图形区中选择塑件体，系统将自动找到塑件内部的开口部位，有4个封闭环，单击"应用"按钮，再单击"取消"按钮，如图3-12所示。

2．完成曲面补片，如图3-13所示。

图 3-12 "边补片"对话框

图 3-13 曲面补片

3.5.3 定义区域

在"分型刀具"工具区域中单击"定义区域"图标，出现"定义区域"对话框，在"设置"区域中勾选"创建区域"和"创建分型线"选项，如图 3-14 所示。单击"确定"按钮，完成定义区域的设计。

3.5.4 设计分型面

1. 在"分型刀具"工具区域中，单击"设计分型面"图标，弹出"设计分型面"对话框，如图 3-15 所示。

图 3-14 "定义区域"对话框

图 3-15 "设计分型面"对话框

2．在"设计分型面"对话框的"创建分型面"区域的"方法"中，默认选择"有界平面"，在图形区中可以拖动手柄调节分型面的大小，但必须保证分型面大于工件的虚线框，单击"确定"按钮，完成分型面的设计。

3.5.5 定义型腔和型芯

1．在"分型刀具"工具区域中，单击"定义型腔和型芯"图标，出现"定义型腔和型芯"对话框，如图 3-16 所示。

2．在"选择片体"区域中，勾选"所有区域"，单击"确定"按钮，弹出"查看分型结果"对话框，确认方向是否正确。如果方向有误，可以先单击"法向反向"按钮再单击"确定"按钮；确认方向无误后，单击"确定"按钮，完成型腔的定义。

3．返回"定义型腔和型芯"对话框，单击"确定"按钮，完成型芯的定义。

4．在装配导航器中选中"parting"，单击右键后出现快速编辑菜单，选择"在窗口中打开父项"选项，然后选择"top"，图形区显示完成分型后的模型，装配导航器显示完整模型目录。

图 3-16 "定义型腔和型芯"对话框

3.6 模架库

1．在"注塑模向导"工具条的"主要选项"区域中单击"模架库"图标，左侧弹出"重用库"导航器，"重用库"中模架的"名称"选择"LKM_TP"，"成员选择"选择"FC"，弹出"模架库"对话框，如图 3-17 所示。

图 3-17 "模架库"对话框

2. 在"模架库"对话框的"详细信息"区域中修改参数值如表 3-1 后，单击"确定"按钮，系统完成模架的导入，然后关闭弹出的属性不匹配的信息提示窗口。

表 3-1 修改模架参数值表

名　　称	值
index	2340
Mold_type	280:I
fix_open	1
EJB_open	−5

3. 此时查看模架，发现参数略有不合理。再次单击"模架库"图标，在弹出的"模架库"对话框中修改参数，修改"index"的值为 2335，"EG_Guide"的值为"0:OFF"，"Mold_type"的值为"280:I"，"fix_open"的值为 0，"move_open"的值为 1，单击"确定"按钮，完成模架的调入。

图 3-18 "标准件管理"对话框

3.7　浇注系统设计

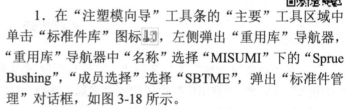

3.7.1　浇口套设计

1. 在"注塑模向导"工具条的"主要"工具区域中单击"标准件库"图标，左侧弹出"重用库"导航器，"重用库"导航器中"名称"选择"MISUMI"下的"Sprue Bushing"，"成员选择"选择"SBTME"，弹出"标准件管理"对话框，如图 3-18 所示。

2. 在"标准件管理"对话框的"详细信息"区域中，修改"D"的值为 12，修改"P"的值为 2.5，修改"L"的值为 30，修改"A"的值为 3，修改"G"的值为 4，修改"V"的值为 10，单击"应用"按钮，完成浇口套的调入。

3. 此时"标准件管理"对话框中的内容略有改变，在"标准件管理"对话框的"部件"区域中，单击"重定位"图标，弹出"移动组件"对话框，在"变换"区域中，将"运动方式"修改为"距离"，"指定矢量"选择 ZC 方向，距离输入 140，单击"应用"按钮，浇口套位置变换到指定位置，再单击"取消"按钮，退出"标准件管理"对话框，完成浇口套的设计。

3.7.2　定位圈设计

1. 在"注塑模向导"工具条的"主要"工具区域中单击"标准件库"图标，左侧弹出"重用库"导航器，"名称"选择"FUTABA_MM"下的"Locating Ring Interchangeable"，"成员选择"选择右边的"Locating Ring"，弹出"标准件管理"对话框，如图 3-19 所示。

2. 在"详细信息"区域中，修改"BOLT_CIRCLE"的值为80，单击"应用"按钮，关闭弹出的信息框，单击"取消"按钮，完成定位圈的设计。

3.7.3 分流道设计

1. 在装配导航器中，取消定模流道板"r-piate"和定模座板"t-piate"的显示。

2. 在"注塑模向导"工具条的"主要"工具区域中单击"设计填充"图标 ，在左侧"重用库"导航器的"成员选择"中，选择"Runner[2]"，弹出"设计填充"对话框，如图3-20所示。

图3-19 "标准件管理"对话框　　　　图3-20 "设计填充"对话框

3. 在"设计填充"对话框的"详细信息"区域中，修改"Section_Type"的值为"Trapezoidal"，修改"D"的值为6，修改"L"的值为150，修改"H"的值为5。单击"放置"区域中的"指定点"图标，弹出"点"对话框，"类型"选择"光标位置"，输入 X、Y、Z 的坐标分别为0、0、100，显示分流道的初步位置，单击"确定"按钮，退出"点"对话框。

4. 单击"设计填充"对话框中"放置"区域的"指定方位"的操控器图标，在图形区中选择 XC 和 YC 轴间圆弧上的点，输入角度值90，如图3-21所示，按下回车键后，分流道旋转90°。在"设计填充"对话框中，单击"取消"按钮，完成分流道的设计。

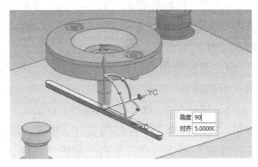

图3-21 分流道旋转

图 3-22 "设计填充"对话框

3.7.4 点浇口设计

1. 在注塑模向导工具条的"主要"工具区域中单击"设计填充"图标 ，在左侧"重用库"导航器的"成员选择"中，选择"Gate[Pin three]"，弹出"设计填充"对话框，"设计填充"对话框如图 3-22 所示。

2. 在"设计填充"对话框的"详细信息"区域中，修改"d"的值为 1.2，修改"L1"的值为 39。单击"放置"区域中的"选择对象"选项，在图形区中选择塑件顶面凹槽的圆心，单击"应用"按钮。选择"放置"区域中的"指定点"图标 ，弹出"点"对话框，输入 X、Y、Z 的坐标为（0，−70，0），显示点浇口的位置，单击"确定"按钮，退出"点"对话框。

3. 在"设计填充"对话框的"组件"区域中，选择"复制新部件"选项，选择"放置"区域中的"指定点"图标 ，弹出"点"对话框，输入 X、Y、Z 的坐标为（0，70，0），单击"确定"按钮，退出"点"对话框。单击"应用"按钮，单击"取消"按钮，退出"设计填充"对话框，完成点浇口的设计。

3.8　推出机构设计

3.8.1 推杆设计

1. 单击左侧装配导航器，勾选"core"零件和"movehalf"部件，图形区显示型芯和动模组件，其余部件不可见。

2. 在"注塑模向导"工具条的"主要"工具区域中单击"标准件库"图标 ，左侧弹出"重用库"导航器，"名称"选择"FUTABA_MM"下的"Ejector Pin"，"成员选择"选择左边的"Ejector Pin Straight"，弹出"标准件管理"对话框，如图 3-23 所示。

3. 在"标准件管理"对话框的"详细信息"区域中，修改"CATALOG_DIA"的值为 8.0，修改"CATALOG_LENGTH"的值为 200，单击"应用"按钮，进入"点"对话框，为顶杆指定位置。

4. 调整视图为俯视图方向，输入 XC、YC 坐标为（23，−93），单击"确定"按钮，生成第一个推杆。

5. 依次输入 XC、YC 坐标为（−23，−93）、（−23，−47）、（23，−47），依次单击"确定"按钮，完成其余 3 个推杆的设计。单击"取消"按钮，返回到"标准件管理"对话框。在"标准件管理"对话框中，单击"取消"按钮。

3.8.2 推杆后处理

1. 在"注塑模向导"工具条的"注塑模工具"工具区域中单击"修边模具组件"图标 ，

弹出"修边模具组件"对话框，如图 3-24 所示。

图 3-23 "标准件管理"对话框　　　　图 3-24 "修边模具组件"对话框

2．依次单击图形区的加亮型芯的 4 个推杆，单击"应用"按钮，再单击"取消"按钮，完成推杆的修剪。

3.9　冷却系统设计

3.9.1　型芯冷却设计

一、外接冷却通道设计

1．在"注塑模向导"工具条的"冷却工具"工具区域中单击"冷却标准件库"图标，左侧弹出"重用库"导航器，"名称"选择"COOLING_UNIVERSAL"，"成员选择"选择"Cooling[Moldbase_ core]"，弹出"冷却组件设计"对话框，如图 3-25 所示。

2．在"冷却组件设计"对话框的"详细信息"区域中，修改参数"COOLING_D"的值为 8，修改"L1"的值为 65，单击"应用"按钮，进入"点"对话框。

3．修改 XC、YC 坐标的值为（50，-50），单击"确定"按钮，生成第一个冷却通道。修改 XC、YC 的值为（50，-90），单击"确定"按钮，生成第二个冷却通道。单击"取消"按钮，返回到"冷却组件设计"对话框，单击"取消"按钮，退出"冷却组件设计"对话框。

4．单击左侧装配导航器资源条，取消勾选动模，图形区显示型芯等组件，其余部件不可见。

二、环绕冷却通道设计

1．在"注塑模向导"工具条的"冷却工具"工具区域中单击"冷却标准件库"
图标 ，左侧弹出"重用库"导航器，"名称"选择"COOLING"下的"Water"，"成员选
择"选择"COOLING HOLE"，弹出"冷却组件设计"对话框，如图 3-26 所示。

图 3-25 "冷却组件设计"对话框　　　　　图 3-26 "冷却组件设计"对话框

2．在"冷却组件设计"对话框的"详细信息"区域中，修改参数"PIPE_THREAD"的
值为"M8"，修改"HOLE_1_DEPTH"的值为 20，修改"HOLE_2_DEPTH"的值为 20，在
"放置"区域中单击"选择面或平面"图标，选择型芯的底面。

3．单击"应用"按钮，弹出"标准件位置"对话框，输入 X、Y 的偏置尺寸（50，50）。

4．图形区显示新建冷却管道位置，单击"应用"按钮，生成第一个冷却管道。

5．在"标准件位置"对话框中，输入 X、Y 的偏置尺寸（50，90），单击"应用"按钮，
生成第二个冷却管道。单击"取消"按钮，退出"标准件位置"对话框，返回到"冷却组件
设计"对话框，单击"取消"按钮，退出"冷却组件设计"对话框。

6．在"注塑模向导"工具条的"冷却工具"工具区域中单击"冷却标准件库"图标 ，
弹出"冷却组件设计"对话框，在"冷却组件设计"对话框的"详细信息"区域中，修改"PIPE_
THREAD"的值为"M8"，修改"HOLE_1_DEPTH"的值为 120，修改"HOLE_2_DEPTH"
的值为 120，在"放置"区域中单击"选择面或平面"图标，选择型芯的右侧面。

7．单击"应用"按钮，弹出"标准件位置"对话框，输入 X、Y 的偏置尺寸（20，15），
单击"应用"按钮，图形区显示新建冷却管道的位置，单击"应用"按钮，生成第三个冷却
管道。

8. 在"标准件位置"对话框中，输入 X、Y 的偏置尺寸（120，15），单击"应用"按钮，生成第四个冷却管道。单击"取消"按钮，退出"标准件位置"对话框，返回"冷却组件设计"对话框。单击"取消"按钮，退出"冷却组件设计"对话框。

9. 采用同样的方法创建型芯前侧面的冷却通道，修改"PIPE_THREAD"的值为"M8"，修改"HOLE_1_DEPTH"和"HOLE_2_DEPTH"的值为127，输入 X、Y 的偏置尺寸（50，15）。

10. 同理分别定义"HOLE_1_DEPTH"和"HOLE_2_DEPTH"的值为 50，X、Y 的偏置尺寸为（50，15），完成后的冷却管道图形如图 3-27 所示。在操作时为方便操作建议隐藏另外一个型芯。

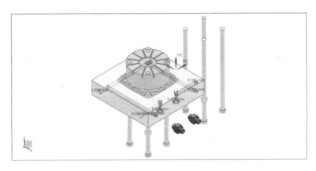

图 3-27　冷却管道图形

3.9.2　冷却通道水塞设计

1. 在左侧装配导航器资源条中，取消勾选"layout"组件，图形区仅显示冷却通道，其余部件不可见。

2. 在"注塑模向导"工具条的"冷却工具"工具区域中单击"冷却标准件库"图标 ，弹出"冷却组件设计"对话框，在"冷却组件设计"对话框的"部件"区域中，单击"选择标准件"图标，在图形区中选择一个冷却通道，单击"取消"按钮。

3. 在"注塑模向导"工具条的"冷却工具"工具区域中单击"冷却标准件库"图标 ，左侧弹出"重用库"对话框，"名称"选择"COOLING"下的"Water"，"成员选择"选择"PIPE PLUG"，弹出"冷却组件设计"对话框。

4. 在"冷却组件设计"对话框中，"详细信息"区域的各参数采用默认值，单击"应用"按钮，完成第一个水塞的调入，如图 3-28 所示。

5. 采用同样的方法，创建其余水塞，如图 3-29 所示。

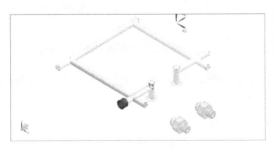

图 3-28　第一个水塞

图 3-29　创建其余水塞

3.9.3 镜像型芯冷却通道

1. 在左侧装配导航器资源条中，取消勾选其他零部件，图形区仅显示冷却系统。

2. 单击装配工具条的"组件"工具区域中的"镜像装配"图标 ，弹出"镜像装配向导"对话框，如图 3-30 所示。

3. 单击"下一步"按钮，在图形区中框选所有冷却通道，选定的组件区域列表显示已经选定的冷却通道组件，如图 3-31 所示。

图 3-30　镜像装配向导 1

图 3-31　镜像装配向导 2

4. 单击"下一步"按钮，弹出如图 3-32 所示对话框。

5. 单击"创建基准平面"图标 ，弹出"基准平面"对话框，在"基准平面"对话框中，"类型"选择"XC-ZC 平面"，如图 3-33 所示，单击"确定"按钮，返回"镜像装配向导"对话框。

图 3-32　镜像装配向导 3

图 3-33　"基准平面"对话框

6. 单击"下一步"按钮，弹出如图 3-34 所示对话框，选择默认的新文件的命名规则和目录规则。

7. 单击"下一步"按钮，弹出如图 3-35 所示对话框。

8. 在"希望使用什么类型的镜像？"区域中，依次选中组件，在"类型"中单击"关联镜像"图标 ，如图 3-36 所示。

图 3-34 镜像装配向导 4

图 3-35 镜像装配向导 5

9. 单击"下一步"按钮，弹出"镜像组件"消息框，单击"确定"按钮。

10. 返回"镜像装配向导"对话框，界面如图 3-37 所示。

图 3-36 镜像装配向导 6

图 3-37 镜像装配向导 7

11. 单击"下一步"按钮，弹出如图 3-38 所示对话框。

12. 单击"完成"按钮，完成型芯的冷却通道镜像设计，完成后的冷却通道图形如图 3-39 所示。

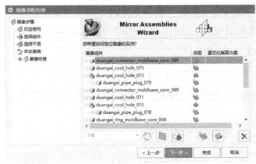

图 3-38 镜像装配向导 8

图 3-39 冷却通道

3.9.4 镜像定模冷却通道

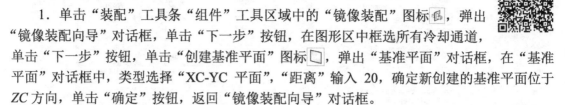

1．单击"装配"工具条"组件"工具区域中的"镜像装配"图标，弹出"镜像装配向导"对话框，单击"下一步"按钮，在图形区中框选所有冷却通道，单击"下一步"按钮，单击"创建基准平面"图标，弹出"基准平面"对话框，在"基准平面"对话框中，类型选择"XC-YC 平面"，"距离"输入 20，确定新创建的基准平面位于 ZC 方向，单击"确定"按钮，返回"镜像装配向导"对话框。

2．单击"下一步"按钮，选择默认的新文件的命名规则和目录规则，单击"下一步"按钮，在"希望使用什么类型的镜像？"区域中，依次选中组件，在"类型"中单击"关联镜像"图标，单击"下一步"按钮，弹出"镜像组件"消息框，单击"确定"按钮。

3．返回"镜像装配向导"对话框，单击"下一步"按钮，再单击"完成"按钮，完成型芯的冷却通道镜像设计，完成后的冷却通道图形如图 3-40 所示。

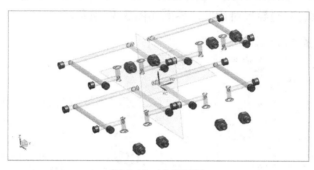

图 3-40 冷却通道

3.10 拉杆设计

3.10.1 长拉杆设计

1．在左侧装配导航器中，勾选"moldbase"组件，确认图形区显示动定模、成型零件、冷却通道。

2．在"注塑模向导"工具条的"主要"工具区域中单击"标准件库"图标，左侧弹出"重用库"导航器，"名称"选择"MISUMI"下的"Mold Opening Controllers"，成员选择"PBTN，PBTK，PBTX（Puller Bolt-Male Type）"，弹出"标准件管理"对话框，如图 3-41 所示。

3．在"标准件管理"对话框的"详细信息"区域中，修改"D"的值为 20，修改"E"的值为 20，"放置"区域中的"位置"选项修改为"POINT"，单击"应用"按钮，进入"点"对话框，为拉杆指定位置。

4．在"点"对话框中，依次输入 4 个点的 XC、YC、ZC 坐标为（95，-118，0）、（-95，-118，0）、（95，118，0）、（-95，118，0），依次单击"确定"按钮，再单击"取消"按钮，返回"标准件管理"对话框。

5．此时对话框中的内容已经略有变化，在"标准件管理"对话框的"部件"区域中，单击"翻转方向"图标，拉杆翻转方向。依次在图形区中选择创建的拉杆，依次在"标准件管理"对话框的"部件"区域中，单击"翻转方向"图标，结果图形如图 3-42 所示。

图 3-41 "标准件管理"对话框

图 3-42 结果图形

6．在"标准件管理"对话框的"部件"区域中，单击"重定位"图标 ，弹出"移动组件"对话框，如图 3-43 所示。

7．在"要移动的组件"区域中，单击"选择组件"图标，在图形区中选中所有拉杆。在"变换"区域中，将"运动"修改为"距离"，将"指定矢量"修改为 ZC，修改"距离"为-20，按下回车键。单击"应用"按钮，再单击"取消"按钮，返回到"标准件管理"对话框，单击"取消"按钮，退出"标准件管理"对话框，完成长拉杆的设计。

3.10.2 短拉杆设计

1．在左侧装配导航器中，勾选"moldbase"组件，确认图形区显示动定模、成型零件、冷却通道和长拉杆。

2．在"注塑模向导"工具条的"主要工具"区域中单击"标准件库"图标 ，左侧弹出"重用库"对话框，"名称"选择"MISUMI"下的"Mold Opening Controllers"，"成员选择"选择"PBTN（Puller Bolt）"，弹出"标准件管理"对话框，如图 3-44 所示。

3．在"标准件管理"对话框的"详细信息"区域中，修改"D"的值为 16，修改"L"的值为 16。按 Ctrl+B 组合键，选中定模座板，隐藏定模座板。在"标准件管理"对话框的"放置"区域中，单击"选择面或平面"图标，选择脱料板上顶面。

4．单击"应用"按钮，进入"标准件位置"对话框，为拉杆指定位置。

5．选中螺钉圆心，X、Y 的偏置值显示为（92.5，69），单击"应用"按钮，生成第一个短拉杆。依次选择其余 3 个位置，单击"应用"按钮，生成其余 3 个短拉杆。单击"取消"按钮，返回到"标准件管理"对话框。

6．在"标准件管理"对话框中，单击"取消"按钮，完成短拉杆的设计。

图 3-43 "移动组件"对话框

图 3-44 "标准件管理"对话框

3.10.3　拉料杆设计

1．在"注塑模向导"工具条的"主要"工具区域中单击"标准件库"图标，左侧弹出"重用库"导航器，"名称"选择"FUTABA_MM"下的"Sprue Puller"，"成员选择"选择"Sprue Puller"，弹出"标准件管理"对话框，如图 3-45 所示。

图 3-45 "标准件管理"对话框

2．在"标准件管理"对话框的"详细信息"区域中，修改"CATALOG_DIA"的值为5，修改"CATALOG_LENGTH"的值为50，其余参数将被自动修改，在"放置"区域中，单击"选择面或平面"图标，选择定模座板上顶面。

3．单击"应用"按钮，进入"标准件位置"对话框，为拉料杆指定位置。

4．选中产品的圆心，X、Y 的偏置值显示为（0，70），单击"应用"按钮，生成第一个拉料杆。选择另一个产品的圆心，单击"应用"按钮，生成拉料杆。单击"取消"按钮，返回到"标准件管理"对话框。

5．在"标准件管理"对话框中，单击"取消"按钮，完成拉杆的设计，完成后的拉料杆如图 3-46 所示。

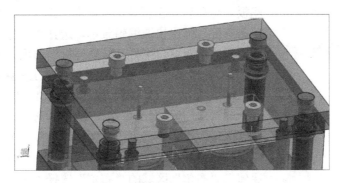

图 3-46　拉料杆

3.11　开腔

3.11.1　动定模板开腔

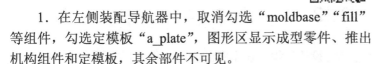

一、定模板开腔

1．在左侧装配导航器中，取消勾选"moldbase""fill"等组件，勾选定模板"a_plate"，图形区显示成型零件、推出机构组件和定模板，其余部件不可见。

2．在"注塑模向导"工具条的"主要"工具区域中单击"腔"图标，弹出"开腔"对话框，如图 3-47 所示。

3．在"开腔"对话框中，"目标"选择定模板，"工具"选择装配导航器中的"pocket"组件，单击"应用"按钮，再单击"取消"按钮，完成定模板的开腔设计。

二、动模板开腔

1．在左侧装配导航器中，取消勾选定模板"a_plate"，勾选动模板"b_plate"，图形区显示动模板等组件，其余部件不可见。

2．采用同样的方法，在"注塑模向导"工具条的"主要"

图 3-47　"开腔"对话框

工具区域中单击"腔"图标 ，弹出"开腔"对话框。

3．在"开腔"对话框中，"目标"选择动模板，"工具"选择创建的插入腔"pocket"组件，单击"应用"按钮，再单击"取消"按钮，完成动模板的开腔设计。

3.11.2 顶出孔设计

图 3-48 "孔"对话框

1．在左侧装配导航器中，勾选"moldbase"等组件，图形区显示动、定模等组件。

2．在图形区中选中动模座板，单击右键，弹出快速编辑菜单，选择"在窗口中打开"选项，即可在新窗口中打开动模座板。也可以在左侧装配导航器中选中动模座板"1_plate"，单击右键，弹出快速编辑菜单，选择"在窗口中打开"选项，或选择"在新窗口中打开动模座板"选项。

3．在"主页"工具条的"特征"工具区域中，单击"孔"图标 ，弹出"孔"对话框，如图 3-48 所示。

4．在"孔"对话框中，"类型"选择"常规孔"，在"位置"区域中单击"指定点"图标，选择动模座板的中心位置，"形状和尺寸"区域的"直径"输入 35，"深度限制"选择"贯通体"，"布尔"区域的"布尔"选择"减去"。

5．单击"应用"按钮，再单击"取消"按钮，完成孔的创建。

6．在"主页"工具条的"特征"工具区域中，单击"倒斜角"图标 ，弹出"倒斜角"对话框。

7．在"倒斜角"对话框中，"距离"输入 2，在"边"区域中单击"选择边"图标，选择动模座板孔的两条边。

8．单击"应用"按钮，再单击"取消"按钮，完成创建孔的倒角。

3.12 本章小结

本章详细介绍了双分型面注射模的设计过程，在本章的学习过程中，需要重点掌握双分型面模具的定距分型机构的设计方法，同时需要了解较复杂分型面的设计方法。

第四章　多件模设计

　　包含两个或者两个以上不同产品的模具，如电话机听筒的上盖和下盖，称为多腔模，又称为多件模、家族模具。

　　在调用多个产品模型后，注塑模向导会自动把每个产品的设计方案放在一个装配结构中，为每个零件建立一个单独的分支。多腔模设计功能只允许设计者选择一个零件作为当前有效的激活零件进行后面的设计，如收缩率的应用、毛坯工件的应用和设计模具的坐标系统等操作将通过当前激活的零件来完成。多个零件则需要在依次被激活后才能分别进行设计操作。

　　教学目标：

　　1．掌握一模多件塑料注射模（多腔模）的设计方法。

　　2．掌握推管推出机构和扁推杆的设计。

　　3．能设计独立冷却通道系统。

4.1　模具设计准备

4.1.1　打开文件

　　打开 UG NX 12 软件，单击"主页"工具条中的"打开文件"图标，出现"打开文件"对话框，选择文件所在位置"\...\第四章\4-1"文件夹，选中 shoubingai.prt 文件，单击"OK"按钮，图形区调入该塑件的 3D 模型，如图 4-1 所示。

图 4-1　塑件的 3D 模型

4.1.2　初始化项目

　　单击"注塑模向导"工具条中的"初始化项目"图标，弹出"初始化项目"对话框，路径选择文件所在位置，"材料"选择右侧下拉小三角中的"ABS"选项，"收缩"默认修改为 1.006，其余无须修改，单击"确定"按钮，完成项目的初始化，如图 4-2 所示。

　　此时，装配导航器已经导入 Mold.V1 模板文件。

4.1.3　部件验证

　　前期设计验证需要使用"部件验证"工具区域中的"验证工具"命令分析产品模型，工具区域包含模具设计验证、检查区域、检查壁厚、运行流分析和显示流分析结果共 5 个工具，用于评估部件的可塑性和可加工性。

　　1．检查壁厚。在"注塑模向导"工具条中单击"部件验证"工具区域的"检查壁厚"图标，弹出"检查壁厚"对话框，如图 4-3 所示。

图 4-2 "初始化项目"对话框　　　　图 4-3 "检查壁厚"对话框

单击"处理结果"区域的"计算厚度"图标 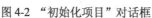，图形区将显示计算结果，如图 4-4 所示。

2. 模具设计验证。在"注塑模向导"工具条中单击"部件验证"工具区域的"模具设计验证"图标 🖐，弹出"模具设计验证"对话框，在"检查器"区域中，勾选"铸模部件质量"和"模型质量"选项，然后单击"执行 Check-Mate"图标 🖋 进行计算，如图 4-5 所示，HD3D 导航器显示分析结果为"通过"或"通过但带信息"。

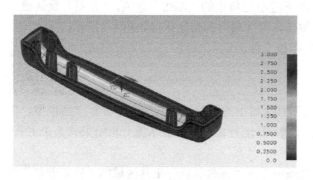

图 4-4　计算结果　　　　图 4-5　"模具设计验证"对话框

4.1.4 模具坐标系

单击"注塑模向导"工具条中的"模具坐标系"图标 ，弹出"模具坐标系"对话框，如图 4-6 所示。在"模具坐标系"对话框中的"更改产品位置"区域中勾选"选定面的中心"选项，选择产品的底平面，单击"确定"按钮，完成模具坐标系的设计。

4.1.5 工件

单击"注塑模向导"工具条中的"工件"图标 ，弹出"工件"对话框，"类型"选择"产品工件"，"定义类型"选择"参考点"，X 轴"负的"值修改为 100，"正的"值修改为 100，Y 轴数值不变，Z 轴"负的"值修改为 50，Z 轴"正的"值修改为 50，单击"确定"按钮，完成工件的设计，如图 4-7 所示。

图 4-6 "模具坐标系"对话框 　　　　　图 4-7 "工件"对话框

4.1.6 加载第二个产品模型

注塑模向导工具可以创建多件模（一个模具有多个产品模型），但在载入第二个或之后的产品模型时，系统不会打开"初始化项目"对话框，因为单位、路径和工程名称没有变化。

1. 在"注塑模向导"工具条中单击"多腔模设计"图标 ，因为仅加载了一个产品，所以会出现多腔模设计的"警告信息"对话框。

2. 在"注塑模向导"工具条中单击"初始化项目"图标 ，弹出"部件名管理"对话框，单击"替换所有名称"图标 ，再单击"确定"按钮，完成第二个产品的初始化项目，如图 4-8 所示。

加载产品后的模具坐标系和工件，在设置之前需要先激活相应产品，在"注塑模向导"

工具条中单击"多腔模设计"图标 ⊞，即可打开如图 4-9 所示的"多腔模设计"对话框，选择某一产品后单击"确定"按钮，或双击某一产品即可激活该产品。

图 4-8 "部件名管理"对话框   图 4-9 "多腔模设计"对话框

4.1.7 模具坐标系

单击"注塑模向导"工具条中的"模具坐标系"图标 ⊾ₓ，弹出"模具坐标系"对话框，勾选"更改产品位置"下的"选定面的中心"选项，选择如图 4-10 所示的产品面，单击"确定"按钮，完成模具坐标系的设计。

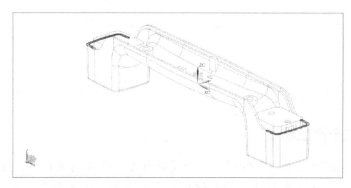

图 4-10 选择产品面

4.1.8 工件

单击"注塑模向导"工具条中的"工件"图标 ◇，弹出"工件"对话框，"类型"选择"产品工件"，"定义类型"选择"参考点"，X 轴"负的"值修改为 100，X 轴"正的"值修改为 100，Y 轴"负的"值修改为 40，Y 轴"正的"值修改为 40，Z 轴"负的"值修改为 50，Z 轴"正的"值修改为 50，单击"确定"按钮，完成工件的设计。

4.1.9　型腔布局

1．单击"注塑模向导"工具条中的"型腔布局"图标 ⊡ ，弹出"型腔布局"对话框。

2．在"编辑布局"区域中单击"变换"图标 ⚏ ，弹出"变换"对话框，"变换类型"选择"平移"，X 的距离修改为 0，Y 的距离修改为 80，单击"确定"按钮。

3．系统自动返回到"型腔布局"对话框，单击"编辑布局"区域中的"自动对准中心"图标 ⊞ ，系统自动调整工件位置。

4．选中另一个工件，可以看到"产品"区域中的选择体为 2，然后在"编辑布局"区域中单击"变换"按钮 ⚏ ，弹出"变换"对话框，"变换类型"选择"旋转"，"指定枢纽"选择坐标系原点，"角度"修改为 90°，单击"确定"按钮。

5．系统自动返回到"型腔布局"对话框，单击"关闭"按钮，完成型腔布局的设计，如图 4-11 所示。

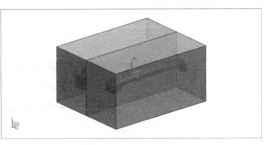

图 4-11　型腔布局

4.2　分型设计

4.2.1　多腔模设计

单击"注塑模向导"工具条中的"主要"工具区域中的"多腔模设计"图标 ▦ ，弹出"多腔模设计"对话框，确定"shoubindi"被选中，如图 4-12 所示，先进行该产品的分型设计。

4.2.2　检查区域

1．单击"分型刀具"工具区域中的"检查区域"图标 ⊟ ，弹出"检查区域"对话框，在"计算"选项卡中，勾选"全部重置"选项后，单击"计算"图标 ▤ 进行分析。

图 4-12　"多腔模设计"对话框

2．完成分析后，"计算"区域的颜色将变灰。选择"面"选项卡，单击"设置所有面的颜色"图标 ▨ ，将各种样本指定的颜色应用到对应的面上。此时，可以查看面拔模角、底切面的数量。

3．选择"区域"选项卡，单击"设置区域颜色"图标 ▨ ，显示颜色样本当前识别的型腔、型芯和未定义面的模型面颜色。取消勾选"设置"区域中的"内环""分型边""不完整环"选项。

4．在"未定义区域"区域中，勾选"交叉竖直面"选项，在"指派到区域"区域中，勾选"型芯区域"选项，单击"应用"按钮。

5．在"未定义区域"区域中，勾选"未知的面"选项，在"指派到区域"区域中，勾选"型腔区域"选项，单击"应用"按钮。

6．勾选"设置"中的"内环"和"分型边"，可以查看内部孔的边缘和分型线，如图 4-13所示。单击"确定"按钮，完成检查区域的设计。

4.2.3 曲面补片

曲面补片用于创建片体以封闭产品内部的开口部位。

1．单击"分型刀具"工具区域中的"曲面补片"图标，弹出"边补片"对话框，"类型"选择"体"，在图形区中选择塑件，系统将自动找到塑件内部的开口部位，单击"应用"按钮，再单击"取消"按钮，退出"边补片"对话框。

2．进行曲面补片后的图形如图 4-14所示。

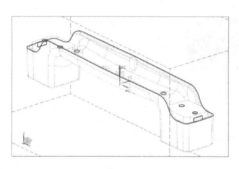

图 4-13　内部孔的边缘和分型线

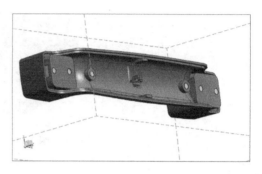

图 4-14　曲面补片

图 4-15　"设计分型面"对话框

4.2.4 定义区域

在"分型刀具"工具区域中，单击"定义区域"按钮，出现"定义区域"对话框，在"设置"区域中勾选"创建区域"和"创建分型线"选项，单击"确定"按钮，完成定义区域设计。

4.2.5 设计分型面

1．在"分型刀具"工具区域中，单击"设计分型面"图标，弹出"设计分型面"对话框，如图 4-15所示。

2．在"设计分型面"对话框的"编辑分型段"区域中，单击"编辑引导线"图标，系统打开"引导线"对话框。

3．在图形区中，首先选择分型线圆弧的左侧一端，再选择分型线圆弧的右侧一端，在如图 4-16和图 4-17所示的小十字符号附近生成引导线。

4．采用同样的方法，完成其他三段圆弧的引导线设计，结果如图 4-18所示。单击"确定"按钮，回到"设计分型面"

对话框。此时可以看到，在"设计分型面"对话框中的"分型段"区域中，具有了多个分型段。

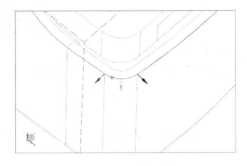

图 4-16　左侧圆弧引导线

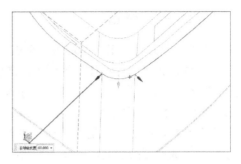

图 4-17　右侧圆弧引导线

5. 在"设计分型面"对话框中，单击"应用"按钮，图形区预览显示分型段 1 的分型面，在"创建分型面"区域中，"方法"选择"拉伸"，"拉伸方向"根据图形的坐标方向修改为-*XC*，单击"应用"按钮，生成分型段 1 的分型面，如图 4-19 所示。

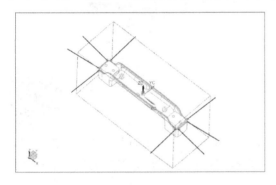

图 4-18　其他圆弧引导线

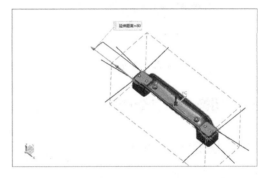

图 4-19　分型段 1 的分型面

6. 自动进入分型段 2 的分型面设计，在"创建分型面"区域中，"方法"默认为"有界平面"，第一方向根据图形的坐标方向修改为-*XC*，第二方向根据图形的坐标方向修改为 *YC*，此时可以拖动图形区的节点来调整分型面的大小，然后单击"应用"按钮，生成分型段 2 的分型面，如图 4-20 所示。

7. 依次进行其余分型段的分型面设计，在设计时，需要注意方向的选择。在设计过程中如有失误，可以选中相应的分型段，删除该分型段上的分型面后重新创建该分型段的分型面。最终的分型面设计如图 4-21 所示。

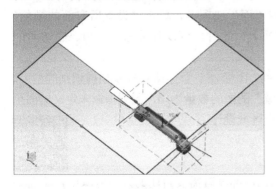

图 4-20　分型段 2 的分型面

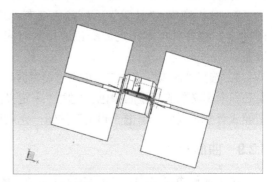

图 4-21　最终的分型面设计

7．单击"取消"按钮，退出"设计分型面"对话框，完成分型面的设计。

4.2.6 定义型腔和型芯

1．在"分型刀具"工具区域中，单击"定义型腔和型芯"图标 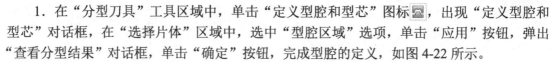，出现"定义型腔和型芯"对话框，在"选择片体"区域中，选中"型腔区域"选项，单击"应用"按钮，弹出"查看分型结果"对话框，单击"确定"按钮，完成型腔的定义，如图 4-22 所示。

2．在"选择片体"区域中，选中"型芯区域"选项，单击"应用"按钮，弹出"查看分型结果"对话框，确认方向是否正确。如果有误，可以先单击"法向反向"按钮再单击"确定"按钮，完成型芯的定义，如图 4-23 所示。

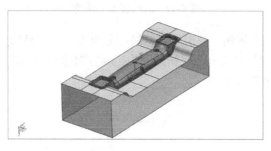
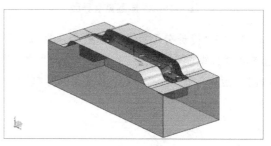

图 4-22　型腔区域　　　　　　　　　　图 4-23　型芯区域

4.2.7 切换到第二个产品

图 4-24　"多腔模设计"对话框

1．在装配导航器中，在"parting"上单击右键，出现快速编辑菜单，选择"窗口中打开父项"选项，然后选择"top"。

2．在"主要"工具区域中单击"多腔模设计"图标，弹出"多腔模设计"对话框，确定盒盖"shoubingai"被选中，单击"确定"按钮，进行产品的分型设计，如图 4-24 所示。

4.2.8 检查区域

1．单击"分型刀具"工具区域中的"检查区域"图标，弹出"检查区域"对话框，在"计算"选项卡中，勾选"全部重置"选项后，单击"计算"图标进行分析。

2．分析完成，"计算"区域颜色变灰。选择"面"选项卡，单击"设置所有面的颜色"图标，将各种样本指定的颜色应用到对应的面上。此时，可以查看面拔模角、底切面的数量。

3．选择"区域"选项卡，单击"设置区域颜色"图标，显示颜色样本当前识别的型腔、型芯和未定义面的模型面颜色。此时"未定义区域"的面的数量为 0，无须指派未定义的面至型腔或者型芯区域，单击"确定"按钮，完成检查区域设计。

4.2.9 曲面补片

由于在检查区域中，内环的数量为 0，所以在内部没有需要封闭的开口区域中，不需要进行曲面补片操作。

4.2.10　定义区域

在"分型刀具"工具区域中单击"定义区域"图标，出现"定义区域"对话框，在"设置"区域中勾选"创建区域"和"创建分型线"选项，单击"确定"按钮，完成定义区域的设计。

4.2.11　设计分型面

1. 在"分型刀具"工具区域中，单击"设计分型面"图标，弹出"设计分型面"对话框。

2. 在"设计分型面"对话框的"编辑分型段"区域中，单击"编辑引导线"图标，打开"引导线"对话框。

3. 在图形区中，首先选择分型线圆弧的左侧一端，再选择分型线圆弧的右侧一端，在如图 4-25 和图 4-26 所示的小十字符号附近生成引导线。

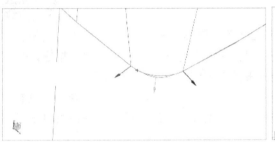

图 4-25　左侧圆弧引导线　　　　图 4-26　右侧圆弧引导线

采用同样的方法，完成其他三段圆弧的引导线设计，如图 4-27 所示。

单击"确定"按钮，回到"设计分型面"对话框，此时可以看到，在"设计分型面"对话框的"分型段"区域中，具有多个分型段。

4. 在"设计分型面"对话框中，单击"应用"按钮，图形区将预览显示分型段 1 的分型面，在"创建分型面"区域中，"方法"选项选择"拉伸"，"拉伸方向"根据图形的坐标方向修改为-XC，单击"应用"按钮，生成分型段 1 的分型面，如图 4-28 所示。

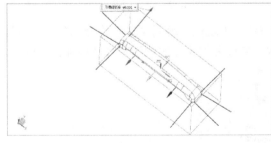

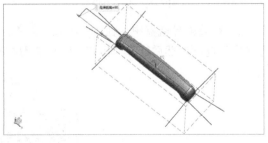

图 4-27　其他圆弧引导线　　　　图 4-28　分型段 1 的分型面

5. 自动进入分型段 2 的分型面设计，在"创建分型面"区域中，"方法"默认选择"有界平面"，第一方向根据图形的坐标方向修改为-XC，第二方向根据图形的坐标方向修改为 YC，此时可以拖动图形区的节点来调整分型面的大小，然后单击"应用"按钮，生成分型段 2 的分型面，如图4-29所示。

6. 依次进行其余分型段的分型面设计，在设计时，需要注意方向的选择。在设计过程中如有失误，可以选中相应的分型段，删除该分型段上的分型面后重新创建该分型段的分型面。最终的分型面设计如图4-30所示。

7. 单击"取消"按钮，退出"设计分型面"对话框，完成第二个塑件的分型面设计。

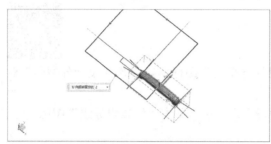

图4-29 分型段2的分型面

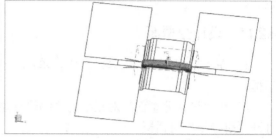

图4-30 分型面设计

4.2.12 定义型腔和型芯

1. 在"分型刀具"工具区域中，单击"定义型腔和型芯"图标 ，出现"定义型腔和型芯"对话框，在"选择片体"区域中，选中"型腔区域"选项，单击"应用"按钮，弹出"查看分型结果"对话框，单击"确定"按钮，完成型腔的定义，如图4-31所示。

2. 在"选择片体"区域中，选中"型芯区域"选项，单击"应用"按钮，弹出"查看分型结果"对话框，确认方向是否正确，如果有误，可以先单击"法向反向"按钮再单击"确定"按钮，完成型芯的定义，如图4-32所示。

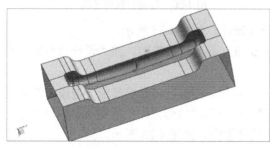

图4-31 定义型腔

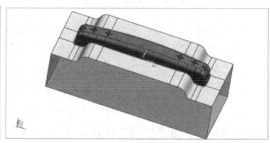

图4-32 定义型芯

3. 在装配导航器中，在"parting"上单击右键，出现快速编辑菜单，选择"在窗口中打开父项"选项，然后选择"top"，回到装配结构。完成分型设计的成型零件如图4-33所示。

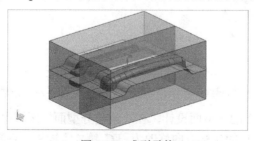

图4-33 成型零件

4.3 模架库

1. 在"注塑模向导"工具条的"主要"工具区域中单击"模架库"图标▤，左侧弹出"重用库"导航器，模架的"名称"选择"LKM_SG"，"成员选择"选择"C"，弹出"模架库"对话框，如图4-34所示。

2. 在"模架库"对话框的"详细信息"区域中修改参数值如表4-1所示后，单击"确定"按钮，系统完成模架的导入。关闭属性不匹配的信息提示窗口，图形区显示装入的模架。

3. 查看模架参数是否合理。

表4-1 模架参数值

名　　称	值
index	2530
EG_Guide	1:ON
AP_h	80
BP_h	80
Mold_type	300:I
fix_open	1
EJB_open	−5

图4-34 "模架库"对话框

4.4 浇注系统设计

4.4.1 定位圈设计

1. 在"注塑模向导"工具条的"主要"工具区域中单击"标准件库"图标🗔，左侧弹出"重用库"导航器，"名称"选择"FUTABA_MM"下的"Locating Ring Interchangeable"，"成员选择"选择右边的"Locating Ring"，弹出"标准件管理"对话框，如图4-35所示。

2. 单击"确定"按钮，初步导入定位圈，关闭属性不匹配的信息提示窗口。在图形区中查看导入的定位圈，发现固定螺钉的位置不合理，如图4-36所示。

3. 修改定位圈固定螺钉的中心距尺寸。单击"标准件库"图标🗔，弹出"标准件管理"对话框，在"部件"区域中单击"选择标准件"图标，在图形区中选择导入的定位圈，此时"选择标准件"的数量显示为1，在"详细信息"区域中，修改"BOLT_CIRCLE"的值为80，单击"应用"按钮，再单击"取消"按钮，退出"标准件管理"对话框，完成定位圈的设计。

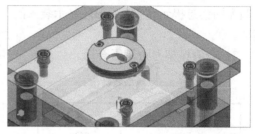

图 4-35 "标准件管理"对话框　　　　图 4-36　定位圈

4.4.2　浇口套设计

图 4-37 "标准件管理"对话框

1. 在"注塑模向导"工具条的"主要"工具区域中单击"标准件库"图标，在左侧"重用库"导航器的"名称"中选择"FUTABA_MM"下的"Sprue Bushing"，"成员选择"选择右边的"Sprue Bushing"，弹出"标准件管理"对话框，如图 4-37 所示。

2. 修改"CATALOG_DIA"的值为 13，单击"确定"按钮，完成浇口套的调入。发现浇口套长度偏短，需要修改。

3. 在装配导航器中，取消其他模具零件的显示，仅显示"shoubingai_cavity_001"型腔零件和浇口套零件。

4. 单击"分析"工具条的"测量选项"工具区域中的"测量距离"图标，在弹出的"测量距离"对话框中，选择测量起点为浇口套端面的圆心，选择测量终点为型腔平面，测量距离显示为82.8162，记录此值。

5. 修改浇口套长度参数。再次在"注塑模向导"工具条的"主要"工具区域中单击"标准件库"按钮，弹出"标准件管理"对话框，在"部件"区域中单击"选择标准件"图标，在图形区中选择导入的浇口套，"选择标准件"的数量为1，在"详细信息"区域中，修改"O"的值为3，修改"R"的值为10.5，修改"CONE_ANGLE"的值为1.5，修改"CATALOG_LENGTH"的值为82.5。单击"应用"按钮，再单击"取消"按钮，完成浇口套的设计，如图 4-38 所示。

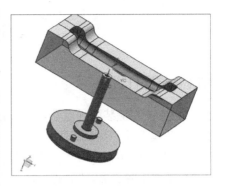

4.4.3　分流道和浇口设计

1. 在装配导航器中，取消其他模具零件的显示，仅显示型腔、定位圈和浇口套等零件。

图 4-38　浇口套

2. 单击"分析"工具条的"测量选项"工具区域中的"测量距离"图标，在弹出的"测量距离"对话框中，测量起点选择盖型腔的边，测量终点选择底型腔的边，如图 4-39 所示，测量距离显示为 51.4606，此值用于计算分流道的长度。

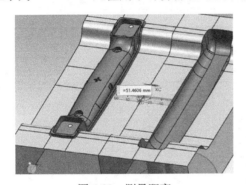

图 4-39　测量距离

3. 在"注塑模向导"工具条的"主要"工具区域中单击"设计填充"图标，在左侧"重用库"导航器的"成员选择"中选择"Gate[Fan]"，弹出"设计填充"对话框，如图 4-40 所示。

图 4-40　"设计填充"对话框

4. 在"设计填充"对话框中，修改"D"的值为6，修改"L"的值为20，修改"L2"的值为6。"放置"的位置选择型腔侧边中点，系统将显示分流道和浇口的初步位置，然后单击"应用"按钮。

5. 双击分流道浇口坐标系的 *XC* 轴，分流道和浇口将对称显示，单击"应用"按钮，生成对侧的分流道和浇口，如果未显示，可在装配导航器中勾选"显示"选项，分流道和浇口如图 4-41 所示。

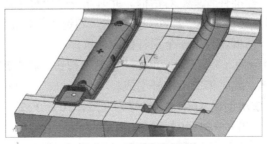

图 4-41　分流道和浇口

8．在"标准件管理"对话框中单击"取消"按钮，完成盖的推杆设计。

4.5.2 底推杆设计

在多件模设计中，设计推杆之前需要先激活产品。在"注塑模向导"工具条的"主要"工具区域中单击"多腔模设计"图标 ，即可打开"多腔模设计"对话框，如图4-44所示，选择对话框中的"shoubindi"选项后单击"确定"按钮，或双击"shoubindi"选项即可激活该产品。

图4-44 "多腔模设计"对话框

1．单击左侧装配导航器，勾选盖和底的"core"零件和"movehalf"部件，图形区显示型芯和动模组件，其余部件不可见。

2．在"注塑模向导"工具条的"主要"工具区域中单击"标准件库"图标 ，左侧弹出"重用库"导航器，"名称"选择"FUTABA_MM"下的"Ejector Pin"，"成员选择"选择左边的"Ejector Pin Straight"，弹出"标准件管理"对话框，如图4-45所示。

3．在"标准件管理"对话框的"详细信息"区域中，修改"CATALOG_DIA"的值为4，修改"CATALOG_LENGTH"的值为

图4-45 "标准件管理"对话框

200，修改"HEAD_TYPE"的值为3，单击"应用"按钮，进入"点"对话框，为顶杆指定位置。

4．调整视图为俯视图方向，输入 XC、YC 坐标为（-50，50），单击"确定"按钮，再单击"取消"按钮，返回"标准件管理"对话框。此时第一个推杆生成。

5．在"标准件管理"对话框的"部件"区域中，勾选"新建组件"选项，单击"应用"按钮，再次打开"点"对话框，为下一个顶杆指定位置。

6．输入 XC、YC 坐标为（-30，50），单击"确定"按钮，再单击"取消"按钮，再次返回"标准件管理"对话框。此时第二个推杆生成。

7．按照以上操作，依次创建 XC、YC 坐标为（-30，30）、（-50，30）、（-50，-50）、（-30，-50）、（-50，-30）、（-30，-30）的推杆。

8．在"标准件管理"对话框中单击"取消"按钮，完成底推杆的设计，如图4-46所示。

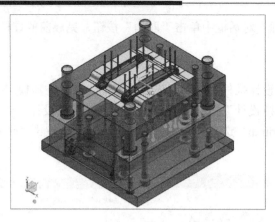

图 4-46　底推杆

4.5.3　推管设计

再次激活产品盖，在"注塑模向导"工具条的"主要"工具区域中单击"多腔模设计"图标 ，即可打开"多腔模设计"对话框，选择对话框中的"shoubingai"选项后单击"确定"按钮或直接双击"shoubingai"选项即可激活该产品。

1. 在"注塑模向导"工具条的"主要"工具区域中单击"标准件库"按钮 ，左侧弹出"重用库"导航器，"名称"选择"FUTABA_MM"下的"Ejector Sleeve"，"成员选择"选择"Ejector Sleeve"，弹出"标准件管理"对话框，如图 4-47 所示。

图 4-47　"标准件管理"对话框

2. 在"标准件管理"对话框的"详细信息"区域中，修改相应参数的值，如图 4-48 所示，单击"应用"按钮，进入"点"对话框，为推管指定位置。

3．选中产品凸台的圆心位置，单击"确定"按钮，单击"取消"按钮，返回"标准件管理"对话框。此时第一个推管生成，如图 4-49 所示。

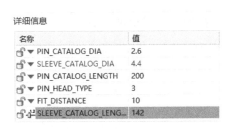

图 4-48　修改相应参数的值

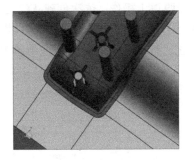

图 4-49　推管

4．在"标准件管理"对话框的"部件"区域中，勾选"新建组件"选项，单击"应用"按钮，再次打开"点"对话框，为下一个推管指定位置。

5．选中产品凸台的圆心位置，单击"确定"按钮，生成第二个推管，单击"取消"按钮，再次返回"标准件管理"对话框。

6．按照以上操作，创建其余的 4 个推管。但中间位置的 2 个推管组件需要按如图 4-50 和图 4-51 所示修改尺寸。

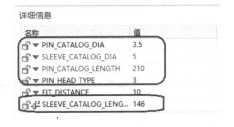

图 4-50　推管 3 修改尺寸　　　　　　　图 4-51　推管 4 修改尺寸

7．在"标准件管理"对话框中单击"取消"按钮，完成推管设计。

4.5.4　扁推杆设计

再次激活产品底，在"注塑模向导"工具条的"主要"工具区域中单击"多腔模设计"图标，即可打开"多腔模设计"对话框，选择对话框中的"shoubindi"选项后单击"确定"按钮，或双击"shoubindi"选项即可激活该产品。

1．在"注塑模向导"工具条的"主要"工具区域中单击"标准件库"图标，左侧弹出"重用库"导航器，"名称"选择"FUTABA_MM"下的"Ejector Blade"，"成员选择"选择"Ejector Blade"，弹出"标准件管理"对话框，如图 4-52 所示。

2．在"标准件管理"对话框的"详细信息"区域中，修改参数"CATALOG_THICK"的值为 2，单击"应用"按钮，进入"点"对话框，为扁推杆指定位置。

3．修改 XC、YC、ZC 的值为（-30，75，0），单击"确定"按钮，再单击"取消"按钮，返回"标准件管理"对话框。此时第一个扁推杆生成。

4．在"标准件管理"对话框的"部件"区域中，勾选"新建组件"选项，单击"应用"按钮，再次打开"点"对话框，为下一个扁推杆指定位置。

5．修改 *XC*、*YC* 的值为（-50，75），单击"确定"按钮，再单击"取消"按钮，再次返回"标准件管理"对话框。此时第二个扁推杆生成。

6．依照以上操作，依次创建 *XC*、*YC* 坐标为（-30，62）、（-50，62）、（-50，-62）、（-30，-62）、（-50，-75）、（-30，-75）的扁推杆。

7．在"标准件管理"对话框中单击"取消"按钮，完成扁推杆的设计。

图 4-52　"标准件管理"对话框

4.5.5　推杆修剪

图 4-53　"修边模具组件"对话框

1．在"注塑模向导"工具条的"注塑模工具"工具区域中单击"修边模具组件"图标，弹出"修边模具组件"对话框，如图 4-53 所示。

2．依次单击图形区中的推杆和扁推杆，单击"确定"按钮，完成此型芯部分的修剪。

3．在"注塑模向导"工具条的"主要"工具区域中单击"多腔模设计"图标，即可打开"多腔模设计"对话框，选择对话框中的"shoubingai"选项后单击"确定"按钮，或双击"shoubingai"选项即可激活该产品。

4．再次在"注塑模向导"工具条的"注塑模工具"工具区域中单击"修边模具组件"图标，弹出"修边模具组件"对话框。依次单击图形区中的推杆和推管，单击"确定"按钮，完成型芯部分的修剪。

4.6　冷却系统设计

4.6.1　盖型芯动模板冷却设计

在"注塑模向导"工具条的"主要"工具区域中单击"多腔模设计"按钮[图标]，打开"多腔模设计"对话框，选择对话框中的"shoubingai"选项，使其为激活状态，单击"取消"按钮。

1．在"注塑模向导"工具条的"冷却工具"工具区域中单击"冷却标准件库"图标[图标]，左侧弹出"重用库"导航器，"名称"选择"COOLING_UNIVERSAL"，"成员选择"选择"Cooling[Moldbase_ core]"，如图4-54所示，弹出"冷却组件设计"对话框，如图4-55所示。

图4-54　"重用库"导航器

图4-55　"冷却组件设计"对话框

2．在"冷却组件设计"对话框的"详细信息"区域中，修改"COOLING_D"的值为8，修改"L1"的值为60，单击"应用"按钮，进入"点"对话框。

3．修改 *XC*、*YC* 的值为（65，30），单击"确定"按钮，再单击"取消"按钮，返回"冷却组件设计"对话框。此时第一个冷却通道生成。

4．在"冷却组件设计"对话框的"部件"区域中，勾选"新建组件"选项，单击"应用"按钮，再次打开"点"对话框，为下一个冷却通道指定位置。

5．修改 *XC*、*YC* 的值为（65，−30），单击"确定"按钮，再单击"取消"按钮，生成第二个冷却通道，再次返回"冷却组件设计"对话框，单击"取消"按钮，退出"冷却组件设计"对话框。

6．单击左侧装配导航器，勾选2个型芯和动模板，图形区显示型芯和动模组件，其余部件不可见。

7．在"注塑模向导"工具条的"主要"工具区域中单击"腔"图标[图标]，弹出"开腔"对话框，如图4-56所示。

8. 在"开腔"对话框中，"目标"选择动模板，"工具"选择创建的 2 个水管接头，单击"应用"按钮，再单击"取消"按钮，完成后的图形如图 4-57 所示。

图 4-56 "开腔"对话框

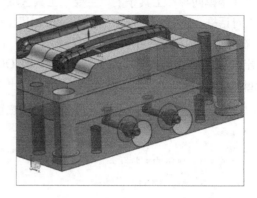

图 4-57 动模板冷却水路 1

4.6.2 盖型芯冷却设计

1. 在左侧装配导航器中，取消勾选动模板和"shoubindi_core"部件，图形区显示型芯"shoubingai_core"，其余部件不可见。

2. 在"注塑模向导"工具条的"冷却工具"工具区域中单击"冷却标准件库"图标 🗐，左侧弹出"重用库"导航器，"名称"选择"COOLING"下的"Water"，"成员选择"选择"COOLING HOLE"，如图 4-58 所示，弹出"冷却组件设计"对话框，如图 4-59 所示。

图 4-58 "重用库"导航器

图 4-59 "冷却组件设计"对话框

3．在"冷却组件设计"对话框的"详细信息"区域中，修改"PIPE_THREAD"的值为"M8"，修改"HOLE_1_DEPTH"的值为100，修改"HOLE_2_DEPTH"的值为100，在"放置"区域中单击"选择面或平面"图标，选择型芯的前侧面，如图4-59所示。

4．单击"应用"按钮，弹出"标准件位置"对话框，输入 *X*、*Y* 的偏置尺寸（15，－15）。

5．图形区显示新建冷却管道的位置，单击"确定"按钮，返回"冷却组件设计"对话框。

6．在"冷却组件设计"对话框的"部件"区域中，勾选"新建组件"选项，在"放置"区域中单击"选择面或平面"图标，选择型芯的后侧面。

7．单击"应用"按钮，弹出"标准件位置"对话框，鼠标移动至前一个冷却管道中心附近，出现"圆弧中心捕捉"图标，选择后 *X*、*Y* 偏置尺寸将自动显示，图形区显示新建冷却管道位置，单击"确定"按钮，返回"冷却组件设计"对话框。

8．采用同样的方法创建前后侧面"HOLE_1_DEPTH"和"HOLE_2_DEPTH"的值为75的冷却管道，位置与以上管道对称，与最近侧壁的距离为15。

9．采用同样的方法创建右侧面"HOLE_1_DEPTH"和"HOLE_2_DEPTH"的值为 65的冷却管道，位置与以上管道对接，与最近侧壁的距离为15。

10．采用同样的方法创建底面"HOLE_1_DEPTH"和"HOLE_2_DEPTH"的值为35的冷却管道，位置与密封圈同心，完成后的图形如图4-60所示。至此完成本盖型芯的冷却系统设计。

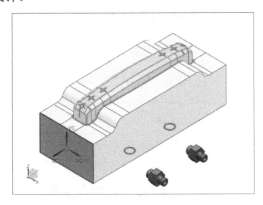
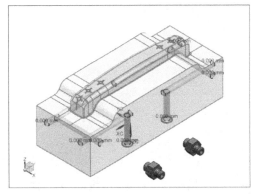

图 4-59　型芯的前侧面　　　　　　　图 4-60　型芯冷却管道

4.6.3　底型芯动模板冷却设计

1．在"注塑模向导"工具条的"主要"工具区域中单击"多腔模设计"图标 ，打开"多腔模设计"对话框，确认对话框中的"shoubingai"为激活状态，单击"取消"按钮。

2．在左侧装配导航器中，取消勾选"shoubingai_core"，图形区显示型芯"shoubindi_core"和动模板，其余部件不可见。

3．在"注塑模向导"工具条的"冷却工具"工具区域中单击"冷却标准件库"按钮 ，左侧弹出"重用库"导航器，"名称"选择"COOLING_UNIVERSAL"，"成员选择"选择"Cooling[Moldbase_core]"，然后弹出"冷却组件设计"对话框，如图4-61所示。

4．在"冷却组件设计"对话框的"详细信息"区域中，修改"COOLING_D"的值为8，修改"ROTATE"的值为"X_LEFT"，修改"L1"的值为60，单击"应用"按钮，进入"点"对话框。

5．修改 *XC*、*YC* 的值为（-65，-30），单击"确定"按钮，再单击"取消"按钮，返回"冷却组件设计"对话框。此时第一个冷却通道生成。

6．在"冷却组件设计"对话框的"部件"区域中，勾选"新建组件"选项，单击"应用"按钮，再次打开"点"对话框，为下一个冷却通道指定位置。

7．修改 *XC*、*YC* 的值为（-65，30），单击"确定"按钮，再单击"取消"按钮，生成第二个冷却通道，再次返回"冷却组件设计"对话框，单击"取消"按钮，退出"冷却组件设计"对话框。

8．在"注塑模向导"工具条的"主要"工具区域中单击"腔"图标，弹出"开腔"对话框，如图 4-62 所示。

图 4-61　"冷却组件设计"对话框　　　　图 4-62　"开腔"对话框

9．在"开腔"对话框中，"目标"选择动模板，"工具"选择创建的 2 个水管接头，单击"应用"按钮，再单击"取消"按钮，完成后的图形如图 4-63 所示。

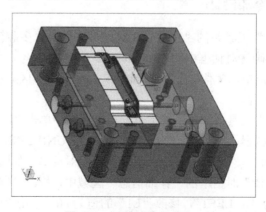

图 4-63　动模板冷却水路 2

4.6.4　底型芯冷却设计

1．在左侧装配导航器中，取消勾选动模板，图形区显示型芯"shoubindi_core"，其余部件不可见。

2．在"注塑模向导"工具条的"冷却工具"工具区域中单击"冷却标准件库"图标 🗐，左侧弹出"重用库"导航器，"名称"选择"COOLING"下的"Water"，"成员选择"选择"COOLING HOLE"，弹出"冷却组件设计"对话框，如图 4-64 所示。

3．在"冷却组件设计"对话框的"详细信息"区域中，修改"PIPE_THREAD"的值为"M8"，修改"HOLE_1_DEPTH"的值为 100，修改"HOLE_2_DEPTH"的值为 100，在"放置"区域中单击"选择面或平面"图标，选择底型芯的前侧面。

4．单击"应用"按钮，弹出"标准件位置"对话框，输入 X、Y 的偏置尺寸（−15，−15）。

5．图形区显示新建冷却管道位置，单击"确定"按钮，返回"冷却组件设计"对话框。

图 4-64　"冷却组件设计"对话框

6．在"冷却组件设计"对话框的"部件"区域中，勾选"新建组件"选项，在"放置"区域中单击"选择面或平面"图标，选择型芯的后侧面。

7．单击"应用"按钮，弹出"标准件位置"对话框，鼠标移动至上个冷却管道中心附近，出现"圆弧中心捕捉"图标，选择后 X、Y 的偏置尺寸将自动显示，图形区显示新建冷却管道位置，单击"确定"按钮，返回"冷却组件设计"对话框。

8．采用同样的方法创建前后侧面"HOLE_1_DEPTH"和"HOLE_2_DEPTH"的值为 75 的冷却管道，位置与以上管道对称，距离最近侧壁的距离为 15。

9．采用同样的方法创建左侧面"HOLE_1_DEPTH"和"HOLE_2_DEPTH"的值为 65 的冷却管道，位置与以上管道对接，距离最近侧壁的距离为 15。

10．采用同样的方法创建底面"HOLE_1_DEPTH"和"HOLE_2_DEPTH"的值为 35 的冷却管道，位置与密封圈同心，完成后的图形如图 4-65 所示。

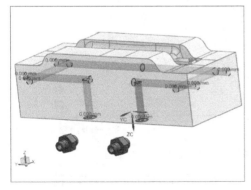

图 4-65　冷却管道位置

11．此时，发现两侧冷却管道和型芯发生干涉，如图 4-66 所示。

12．在"冷却组件设计"对话框的"部件"区域中，单击"选择标准件"图标，选中需要移动位置的管道，单击"重定位"图标 🗐，弹出"标准件位置"对话框，修改 X、Y 的偏置尺寸为（190，15）。

13．采用同样的方法，对另一侧管道的位置进行重定位，修改 X、Y 的偏置尺寸为（10，15），完成后的图形如图 4-67 所示。

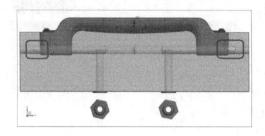
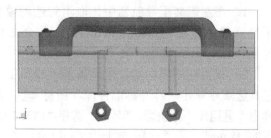

图 4-66　冷却管道和型芯的干涉图形　　　　图 4-67　修复后的冷却水路

4.6.5　底型腔定模板冷却设计

1．在左侧装配导航器中，勾选"shoubindi_cavity"和"shoubingai_a_plate"，图形区显示底型腔和定模板，其余部件不可见。

2．在"注塑模向导"工具条的"冷却工具"工具区域中单击"冷却标准件库"图标 ，左侧弹出"重用库"导航器，"名称"选择"COOLING_UNIVERSAL"，"成员选择"选择"Cooling[Moldbase_cavity]"，如图 4-68 所示，弹出"冷却组件设计"对话框，如图 4-69 所示。

图 4-68　"重用库"导航器　　　　图 4-69　"冷却组件设计"对话框

3．在"冷却组件设计"对话框的"详细信息"区域中，修改"COOLING_D"的值为 8，修改"ROTATE"的值为"X_LEFT"，修改"L1"的值为 60，单击"应用"按钮，进入"点"对话框。

4．修改 XC、YC 的值为（-65，30），单击"确定"按钮，再单击"取消"按钮，返回"冷却组件设计"对话框。此时第一个冷却通道生成。

5．在"冷却组件设计"对话框的"部件"区域中，勾选"新建组件"选项，单击"应用"

按钮，再次打开"点"对话框，为下一个冷却通道指定位置。

6．修改 *XC*、*YC* 的值为（–65，–30），单击"确定"按钮，再单击"取消"按钮，生成第二个冷却通道，再次返回"冷却组件设计"对话框，单击"取消"按钮，退出"冷却组件设计"对话框。

7．在"注塑模向导"工具条的"主要"工具区域中单击"腔"图标 ，弹出"开腔"对话框，如图 4-70 所示。

8．在"开腔"对话框中，"目标"选择定模板，"工具"选择创建的 2 个水管接头，单击"应用"按钮，再单击"取消"按钮，完成后的图形如图 4-71 所示。

图 4-70 "开腔"对话框

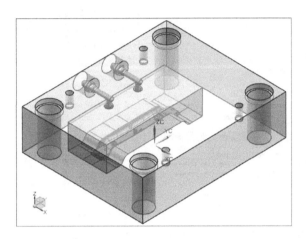

图 4-71 定模板冷却水路 1

4.6.6 底型腔冷却设计

1．在左侧装配导航器中，取消勾选定模板，图形区显示底型腔"shoubindi_cavity"，其余部件不可见。

2．在"注塑模向导"工具条的"冷却工具"工具区域中单击"冷却标准件库"图标 ，左侧弹出"重用库"导航器，"名称"选择"COOLING"下的"Water"，"成员选择"选择"COOLING HOLE"，弹出"冷却组件设计"对话框，如图 4-72 所示。

3．在"冷却组件设计"对话框的"详细信息"区域中，修改"PIPE_THREAD"的值为"M8"，修改"HOLE_1_DEPTH"的值为 100，修改"HOLE_2_DEPTH"的值为 100，在"放置"区域中单击"选择面或平面"图标，选择底型腔的后侧面。

4．单击"应用"按钮，弹出"标准件位置"对话框，输入 *X*、*Y* 的偏置尺寸（15，25）。

5．图形区显示新建冷却管道位置，单击"确定"按钮，返回"冷却组件设计"对话框。

6．在"冷却组件设计"对话框的"部件"区域中，勾选"新建组件"选项，在"放置"区域中单击"选择面或平面"图标，选择型腔的前侧面。

7．单击"应用"按钮，弹出"标准件位置"对话框，鼠标移动至上个冷却管道中心附近，出现"圆弧中心捕捉"图标，选择后 *X*、*Y* 偏置尺寸将自动显示，图形区显示新建冷却管道位置，单击"确定"按钮，返回"冷却组件设计"对话框。

8．采用同样的方法创建前后侧面"HOLE_1_DEPTH"和"HOLE_2_DEPTH"的值为 75 的冷却管道，位置与以上管道对称，与最近侧壁的距离为 15。

9．采用同样的方法创建左侧面"HOLE_1_DEPTH"和"HOLE_2_DEPTH"的值为 65 的冷却管道，位置与以上管道对接，与最近侧壁的距离为 15。

10．采用同样的方法创建底面"HOLE_1_DEPTH"和"HOLE_2_DEPTH"的值为 25 的冷却管道，位置与密封圈同心，完成后的图形如图 4-73 所示。

图 4-72　"冷却组件设计"对话框

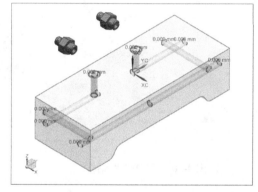

图 4-73　底型腔的冷却管道

4.6.7　盖型腔定模板冷却设计

1．在左侧装配导航器中，勾选"shoubindi_cavity"和"shoubinggai_cavity"，图形区显示底型腔和盖型腔，其余部件不可见。

2．在"注塑模向导"工具条的"主要"工具区域中单击"多腔模设计"图标，打开"多腔模设计"对话框，选择对话框中的"shoubingai"选项，单击"确定"按钮，确定"shoubingai"为激活状态。

3．在左侧装配导航器中，勾选"shoubingai_cavity"和"shoubingai_a_plate"，图形区显示盖型腔和定模板，其余部件不可见。

4．在"注塑模向导"工具条的"冷却工具"工具区域中单击"冷却标准件库"图标，左侧弹出"重用库"导航器，"名称"选择"COOLING_UNIVERSAL"，"成员选择"选择"Cooling[Moldbase_ cavity]"，如图 4-74 所示，弹出"冷却组件设计"对话框，如图 4-75 所示。

5．在"冷却组件设计"对话框的"详细信息"区域中，修改"COOLING_D"的值为 8，修改"ROTATE"的值为"X_RIGHT"，修改"L1"的值为 60，单击"应用"按钮，进入"点"对话框。

图 4-74 "重用库"导航器

图 4-75 "冷却组件设计"对话框

6．修改 *XC*、*YC* 的值为（65，−30），单击"确定"按钮，此时第一个冷却通道生成。

7．在"点"对话框中，修改 *XC*、*YC* 的值为（65，30），单击"确定"按钮，再单击"取消"按钮，生成第二个冷却通道，返回"冷却组件设计"对话框，单击"取消"按钮，退出"冷却组件设计"对话框。

8．在"注塑模向导"工具条的"主要"工具区域中单击"腔"图标，弹出"开腔"对话框，如图 4-76 所示。

9．在"开腔"对话框中，"目标"选择定模板，"工具"选择创建的 2 个水管接头，单击"应用"按钮，再单击"取消"按钮，完成后的图形如图 4-77 所示。

图 4-76 "开腔"对话框

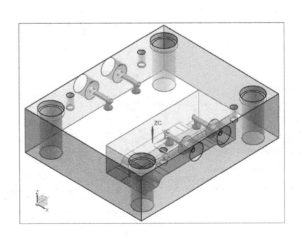

图 4-77 定模板冷却水路 2

4.6.8　盖型腔冷却设计

1．在左侧装配导航器中，取消勾选定模板，图形区显示底型腔"shoubingai_cavity"，其余部件不可见。

2．在"注塑模向导"工具条的"冷却工具"工具区域中单击"冷却标准件库"图标，左侧弹出"重用库"导航器，"名称"选择"COOLING"下的"Water"，"成员选择"选择"COOLING HOLE"，弹出"冷却组件设计"对话框，如图 4-78 所示。

3．在"冷却组件设计"对话框的"详细信息"区域中，修改"PIPE_THREAD"的值为"M8"，修改"HOLE_1_DEPTH"的值为 100，修改"HOLE_2_DEPTH"的值为 100，在"放置"区域中单击"选择面或平面"图标，选择盖型腔的前侧面。

4．单击"应用"按钮，弹出"标准件位置"对话框，输入 X、Y 的偏置尺寸（15，25）。

5．图形区显示新建冷却管道位置，单击"确定"按钮，返回"冷却组件设计"对话框。

6．在"冷却组件设计"对话框的"部件"区域中，勾选"新建组件"选项，在"放置"区域中单击"选择面或平面"图标，选择型腔的后侧面。

7．单击"应用"按钮，弹出"标准件位置"对话框，鼠标移动至上个冷却管道中心附近，出现"圆弧中心捕捉"图标，选择后 X、Y 的偏置尺寸将自动显示，图形区显示新建冷却管道位置，单击"确定"按钮，返回"冷却组件设计"对话框。

8．采用同样的方法创建前后侧面"HOLE_1_DEPTH"和"HOLE_2_DEPTH"的值为 75 的冷却管道，位置与以上管道对称，与最近侧壁的距离为 15。

9．采用同样的方法创建左侧面"HOLE_1_DEPTH"和"HOLE_2_DEPTH"的值为 65 的冷却管道，位置与以上管道对接，与最近侧壁的距离为 15。

10．采用同样的方法创建顶面"HOLE_1_DEPTH"和"HOLE_2_DEPTH"的值为 25 的冷却管道，位置与密封圈同心，完成后的图形如图 4-79 所示。

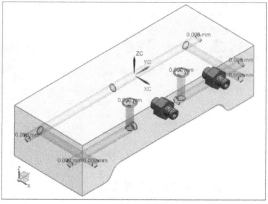

图 4-78　"冷却组件设计"对话框　　　　　图 4-79　盖型腔的冷却管道

4.7 开腔

4.7.1 动定模板开腔

一、生成插入腔

1．在左侧装配导航器中，取消勾选其他零件，勾选"layout"，图形区显示成型零件组件和推出机构组件，其余部件不可见。

2．在"注塑模向导"工具条的"主要"工具区域中，单击"型腔布局"图标，弹出"型腔布局"对话框，如图4-80所示。

3．在"编辑布局"区域中，单击"编辑插入腔"图标，进入"插入腔"对话框，如图4-81所示。

图4-80 "型腔布局"对话框

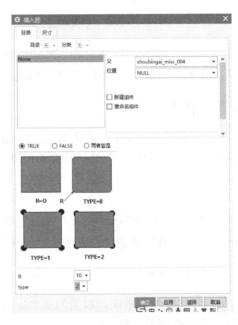

图4-81 "插入腔"对话框

4．在"插入腔"对话框的"目录"选项卡中，修改"type"（插入腔的类型）的值为2，修改"R"（圆角）的值为10，单击"应用"按钮，再单击"取消"按钮，返回"型腔布局"对话框，单击"关闭"按钮，

至此完成插入腔的设计，完成后的插入腔如图4-82所示。

二、动模板开腔

1．在左侧装配导航器中，勾选"b_plate"，图形区显示成型零件组件、推出机构组件和动模板，其余部件不可见。

2．在"注塑模向导"工具条的"主要"工具区域中单击"腔"图标，弹出"开腔"对话框，如图4-83所示。

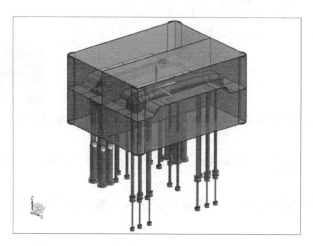

图 4-82　插入腔　　　　　　　　　　　　图 4-83　"开腔"对话框

3．在"开腔"对话框中，"目标"选择动模板，"工具"选择前面生成的插入腔，单击"应用"按钮，再单击"取消"按钮，完成动模板的开腔设计。

三、定模板开腔

1．在左侧装配导航器中，取消勾选"b_plate"，勾选"a_plate"，图形区显示成型零件组件、推出机构组件和定模板，其余部件不可见。

2．在"注塑模向导"工具条的"主要"工具区域中单击"腔"图标 ，弹出"开腔"对话框。

3．在"开腔"对话框中，"目标"选择定模板，"工具"选择创建的插入腔，单击"应用"按钮，再单击"取消"按钮，完成定模板的开腔设计。

四、定模板其他开腔

1．在左侧装配导航器中，取消勾选"layout"，勾选"misc"，图形区显示定模板和浇口套定位圈，其余部件不可见。

2．在"注塑模向导"工具条的"主要"工具区域中单击"腔"图标，弹出"开腔"对话框。

3．在"开腔"对话框中，"目标"选择定模板，"工具"选择浇口套，单击"应用"按钮，再单击"取消"按钮，完成定模板的其他开腔设计。

五、动模板推出机构开腔

1．在左侧装配导航器中，取消勾选"a_plate"和"misc"，勾选"laytou"和"b_plate"，在"laytou"组件中，取消勾选盖和底的"cavity"和"parting_set"，图形区显示型芯、推出机构组件和动模板，其余部件不可见。

2．在"注塑模向导"工具条的"主要"工具区域中单击"腔"图标，弹出"开腔"对话框。

3．在"开腔"对话框中，"目标"选择动模板，"工具"选择创建的推出机构零件，单击"应用"按钮，再单击"取消"按钮，完成动模板推出机构的开腔设计，完成后的动模板如图 4-84 所示。

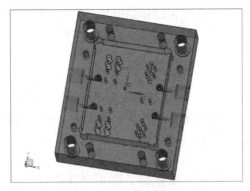

图 4-84　动模板

4.7.2　成型零件开腔

一、型芯开腔

1．在左侧装配导航器中，勾选"laytou"，取消勾选盖和底的"cavity"和"parting_set"，图形区显示型芯和推出机构组件，其余部件不可见。

2．在"注塑模向导"工具条的"主要"工具区域中单击"腔"图标，弹出"开腔"对话框。

3．在"开腔"对话框中，"目标"选择盖和底的型芯，"工具"选择创建的推出机构零件，单击"应用"按钮，再单击"取消"按钮，完成型芯的开腔设计。

二、型腔开腔

1．在左侧装配导航器中，勾选"misc"，在"laytou"组件中勾选盖和底的"cavity"，在"misc"组件中取消勾选"pocket"，图形区显示型腔和浇口套定位圈，其余部件不可见。

2．在"注塑模向导"工具条的"主要"工具区域中单击"腔"图标，弹出"开腔"对话框。

3．在"开腔"对话框中，"目标"选择盖和底的型腔，"工具"选择浇口套，单击"应用"按钮，再单击"取消"按钮，完成型腔的开腔设计。

4.8　其他零件设计

4.8.1　其他开腔和修整

一、定模座板开腔

1．在左侧装配导航器中，勾选"fixhalf"和"misc"，图形区显示定模和浇口套定位圈，其余部件不可见。

图 4-85 "开腔"对话框

2．在"注塑模向导"工具条的"主要"工具区域中单击"腔"图标![腔图标]，弹出"开腔"对话框，如图 4-85 所示。

3．在"开腔"对话框中，"目标"选择定模座板，"工具"选择定位圈和浇口套，单击"应用"按钮，再单击"取消"按钮，完成定模座板的开腔设计。

二、型腔修整

1．在左侧装配导航器中，选择"shoubingai_cavity"，单击鼠标右键，弹出快速编辑菜单，选择"在窗口中打开"选项，如图 4-86 所示。图形区打开新窗口，显示盖的型腔。

2．在"主页"工具条的"同步建模"工具区域中单击"替换面"图标![替换面图标]，弹出"替换面"对话框，如图 4-87 所示。

3．在"替换面"对话框中，"原始面"选择半圆面，"替换面"选择分型面，如图 4-88 所示。单击"应用"按钮，再单击"取消"按钮，完成替换面的修整。

4．采用同样的方法对"shoubindi_cavity"的半圆面进行替换。

图 4-86 快速编辑菜单

图 4-87 "替换面"对话框

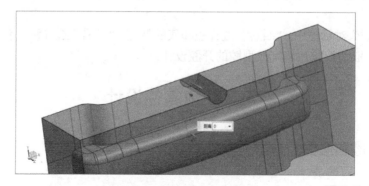

图 4-88 选择原始面和替换面

三、型腔分流道开腔

1．在左侧装配导航器中，勾选"fill"，取消勾选"misc"，图形区显示定模、型腔和分流道，其余部件不可见。

2．在"注塑模向导"工具条的"主要"工具区域中单击"腔"图标，弹出"开腔"对话框。

3．在"开腔"对话框中，"目标"选择 2 个型腔，"工具"选择如图 4-89 所示的分流道，单击"应用"按钮，再单击"取消"按钮，完成型腔的分流道开腔设计。

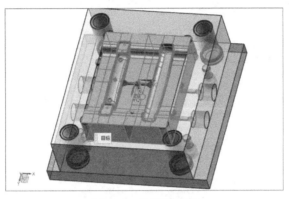

图 4-89　选择分流道

四、型芯分流道开腔

1．在左侧装配导航器中，勾选"movehalf"和型芯，取消勾选"fixhalf"和型腔，图形区显示动模、型芯和分流道，其余部件不可见。

2．在"注塑模向导"工具条的"主要"工具区域中单击"腔"图标，弹出"开腔"对话框。

3．在"开腔"对话框中，"目标"选择 2 个型腔，"工具"选择如图 4-90 所示的分流道，单击"应用"按钮，再单击"取消"按钮，完成型芯的分流道开腔设计。

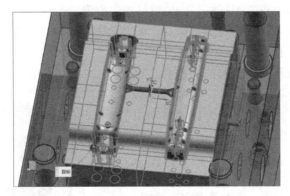

图 4-90　选择分流道

五、其他板开腔

按照以上步骤对推板、推杆固定板和动模座板进行开腔。

4.8.2 拉料杆设计

一、创建拉料杆

1. 在"注塑模向导"工具条的"主要"工具区域中单击"标准件库"图标 📳，左侧弹出"重用库"导航器，"名称"选择"FUTABA_MM"下的"Sprue Puller"，"成员选择"选择"Sprue Puller"，如图 4-91 所示，弹出"标准件管理"对话框，如图 4-92 所示。

图 4-91 "重用库"导航器

图 4-92 "标准件管理"对话框

2. 在"标准件管理"对话框的"详细信息"区域中，修改"CATALOG_DIA"的值为 8，修改"CATALOG_LENGTH"的值为 148，"放置"区域中的"位置"修改为"POINT"，单击"应用"按钮，进入"点"对话框，为拉料杆指定位置。

3. 默认 XC、YC、ZC 的坐标为（0，0，0），单击"确定"按钮，单击"取消"按钮，返回"标准件管理"对话框。

4. 在"标准件管理"对话框的"部件"区域中，单击"翻转方向"图标 ◀，拉料杆翻转方向，单击"重定位"图标 🔲，弹出"移动组件"对话框。

5. 在"移动组件"对话框的"变换"区域中，将"运动"修改为"距离"，将"指定矢量"修改为-ZC，"距离"输入 136.5，单击"确定"按钮，返回"标准件管理"对话框，单击"取消"按钮，退出"标准件管理"对话框，创建的拉料杆如图 4-93 所示。

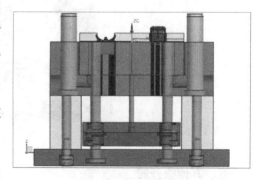

图 4-93 创建的拉料杆

二、修改拉料杆头部形状

1．在图形区中选择拉料杆，单击鼠标右键，弹出快速编辑菜单，选择"在窗口中打开"选项，如图 4-94 所示。图形区打开新窗口，显示拉料杆。

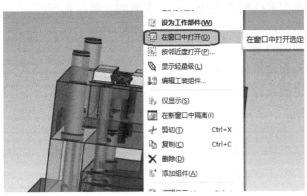

图 4-94　快速编辑菜单

2．按下快捷键 Ctrl+B，选择拉料杆的阴影部分，隐藏支管特征。

3．单击"应用模块"工具条中的"建模"图标 ，进入建模模式。

4．在"主页"工具条的"特征"工具区域中，单击"拉伸"图标 ，弹出"拉伸"对话框，在 *YC* 平面中绘制拉伸截面，如图 4-95 所示。

5．在"拉伸"对话框的"限制"区域中，将"结束类型"修改为"对称值"，设置结束距离为 5，将"布尔"修改为"减去"，单击"应用"按钮，再单击"取消"按钮，使用"边倒圆"命令，对斜面的 2 条横向边进行 *R*0.5 的倒圆角处理，完成拉料杆的头部设计，如图 4-96 所示。

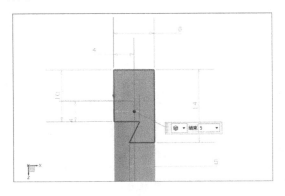

图 4-95　拉伸截面

图 4-96　拉料杆的头部设计

三、型芯—拉料杆开腔

1．在图形区中选择"shoubingai_top"，返回顶文件。

2．在"注塑模向导"工具条的"主要"工具区域中单击"腔"图标 ，弹出"开腔"对话框。

3．在"开腔"对话框中，"目标"选择 2 个型芯，"工具"选择拉料杆，单击"应用"按钮，再单击"取消"按钮，完成开腔设计。

4.9　本章小结

本章详细介绍了典型多件模的设计流程，本章的主要内容有：
（1）产品的分型面设计。
（2）多腔模设计功能的基本概念和操作方法。
（3）推管推出机构和扁推杆的设计方法。
（4）独立冷却通道的设计方法。

第五章　推件板模设计

推件板脱模机构在分型面处沿制品边缘将制品推出，适用于大筒型制件、薄壁容器及各种罩壳类制品的脱模，其特点是推出均匀、力量大、运动平稳、制品不易变形、表面无推顶痕迹、可以不设置复位机构等。带有推件板脱模机构的塑料注射模具简称为推件板模。

教学目标：
1．掌握推件板模的设计方法。
2．掌握模具镶件的设计和编辑方法。
3．掌握复杂冷却通道的设计思路。

5.1　初始化项目

打开 UG NX 12 软件，单击"主页"工具条中的"打开文件"图标，出现"打开文件"对话框，选择文件所在位置"\\...\第五章\5-1"文件夹，选中 zhijia.prt 文件，单击"OK"按钮，图形区调入该文件的 3D 模型，如图 5-1 所示。

1．单击"注塑模向导"工具条中的"初始化项目"图标。

2．弹出"初始化项目"对话框，"路径"选择文件所在位置无须修改，单击"材料"右侧的下拉小三角，选择"PP"，"收缩"默认修改为 1.012，单击"确定"按钮，完成项目的初始化，"初始化项目"对话框如图 5-2 所示。

图 5-1　产品 3D 模型

图 5-2　"初始化项目"对话框

图 5-3 "模具坐标系"对话框

5.2　模具坐标系

1．单击"注塑模向导"工具条中的"模具坐标系"按钮，弹出"模具坐标系"对话框，如图 5-3 所示。

2．在"模具坐标系"对话框中的"更改产品位置"区域中，勾选"选定面的中心"选项，选择产品的底平面，单击"确定"按钮，完成模具坐标系的设计。

5.3　工件

1．单击"注塑模向导"工具条中的"工件"图标，弹出"工件"对话框，"类型"选择"产品工件"，"定义类型"选择"参考点"，将 Z 轴"负的"数值修改为 30，"正的"数值修改为 70，如图 5-4 所示。

2．单击"确定"按钮，完成工件的设计。

图 5-4 "工件"对话框

5.4　型腔布局

1．在"注塑模向导"工具条的"主要"工具区域中单击"型腔布局"图标，弹出"型腔布局"对话框，如图 5-5 所示。

2．在"编辑布局"区域中，单击"编辑插入腔"图标，进入"插入腔"对话框，如图 5-6 所示。

图 5-5　"型腔布局"对话框　　　　　图 5-6　"插入腔"对话框

3．在"插入腔"对话框的"目录"选项卡中，修改"R"（圆角）的大小为 10，修改"type"的值为 2，单击"确定"按钮，返回"型腔布局"对话框，单击"关闭"按钮，完成插入腔的设计，完成后的图形如图 5-7 所示。可在装配导航器"top"下的"misc"组件中查看或关闭查看插入腔零件"pocket"。

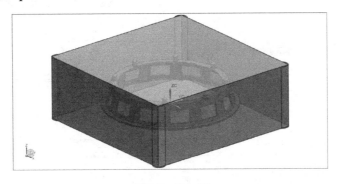

图 5-7　插入腔

5.5　分型设计

5.5.1　检查区域

1．在"注塑模向导"工具条中，单击"分型刀具"工具区域中的"检查区域"图标，弹出“检查区域”对话框，在“计算”选项卡中，勾选“全部重置”选项，单击“计算”图标进行分析。

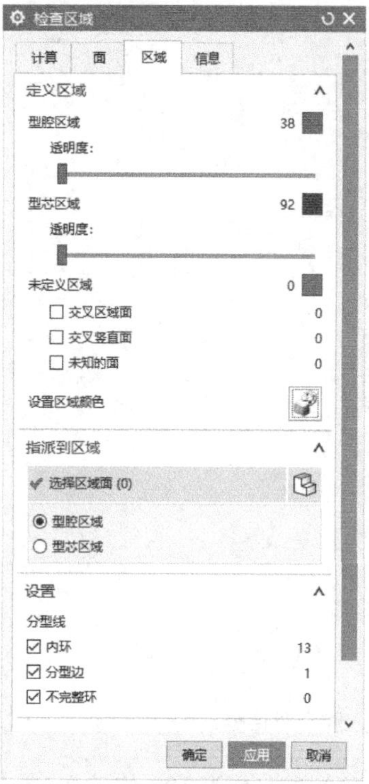

图 5-8 “检查区域”对话框

2．计算完成后，“计算”区域的颜色变灰。选择“面”选项卡，单击“设置所有面的颜色”图标，将各种样本指定的颜色应用到对应的面上。此时，可以查看面拔模角、底切面的数量。

3．选择“区域”选项卡，单击“设置区域颜色”图标，显示当前已识别的型腔、型芯和未定义面的模型面颜色。取消勾选“设置”区域中的“内环”“分型边”“不完整环”选项，如图 5-8 所示。

4．单击“确定”按钮，完成检查区域设计。

5.5.2 曲面补片

1．单击“分型刀具”工具区域中的“曲面补片”图标，弹出“边补片”对话框，如图 5-9 所示，“类型”选择“体”，在图形区中选择塑件体，系统将自动找到塑件内部的开口部位。

2．单击“应用”按钮，再单击“取消”按钮，完成曲面补片。

5.5.3 定义区域

1．在“分型刀具”工具区域中，单击“定义区域”图标，出现“定义区域”对话框，在“设置”区域中勾选“创建区域”和“创建分型线”选项，如图 5-10 所示。

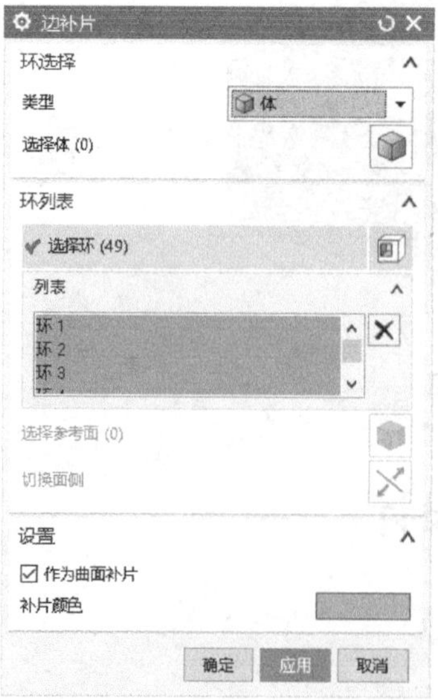

图 5-9 “边补片”对话框

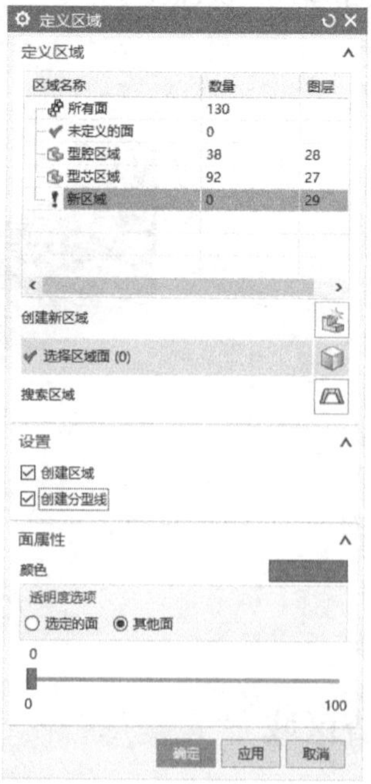

图 5-10 “定义区域”对话框

2. 单击"确定"按钮，完成定义区域的设计。

5.5.4 设计分型面

1. 在"分型刀具"工具区域中，单击"设计分型面"图标，弹出"设计分型面"对话框，如图 5-11 所示。

2. 在"设计分型面"对话框的"创建分型面"区域的"方法"中，默认选择"有界平面"图标，在图形区中可以拖动手柄调节分型面的大小，但必须保证分型面大于工件的虚线框，单击"确定"按钮，完成分型面的设计，完成的图形如图 5-12 所示。

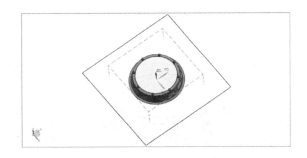

图 5-11 "设计分型面"对话框　　　　　图 5-12 分型面

5.5.5 定义型腔和型芯

1. 在"分型刀具"工具区域中，单击"定义型腔和型芯"图标，出现"定义型腔和型芯"对话框，如图 5-13 所示。

2. 在"选择片体"区域中，选中所有区域，单击"确定"按钮，弹出"查看分型结果"对话框，确认方向是否正确，如果方向有误，可以先单击"法向反向"按钮再单击"确定"按钮，确认其他设置无误后单击"确定"按钮，完成型腔的定义，图形区如图 5-14 所示。

3. 用同样方法定义型芯，继续弹出"查看分型结果"对话框，单击"确定"按钮，完成型芯的定义，图形区如图 5-15 所示。

4. 在装配导航器中选中"parting"，右键单击后出现快速编辑菜单，选择"在窗口中打开父项"选项，再选择"top"。

5. 图形区显示完成分型后的模型，装配导航器显示完整模型目录，如图 5-16 所示。

图 5-13 "定义型腔和型芯"对话框

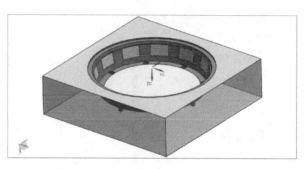

图 5-14 型腔区域

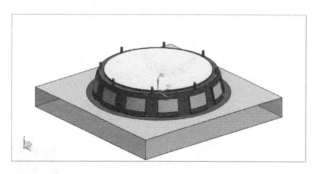

图 5-15 型芯区域

图 5-16 模型目录

5.6 模架库和编辑工件

5.6.1 模架库

1. 在"注塑模向导"工具条的"主要"工具区域中单击"模架库"图标▤，左侧弹出"重用库"导航器，"名称"选择"LKM_SG"，"成员选择"选择"B"，弹出"模架库"对话框，如图 5-17 所示。

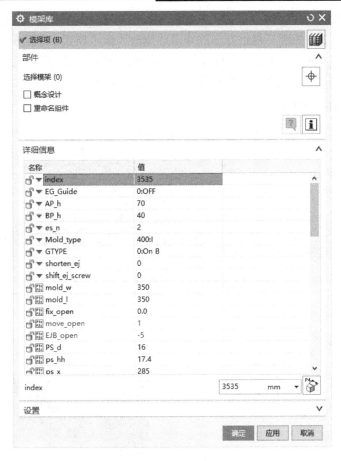

图 5-17 "模架库"对话框

2．在"模架库"对话框的"详细信息"区域中按表 5-1 所示修改参数值后，单击"确定"按钮，系统完成模架的导入。关闭弹出的属性不匹配的信息提示窗口。

表 5-1 修改模架参数值表

名　　称	值
index	3535
AP_h	70
BP_h	40
Mold_type	400:I
fix_open	1
EJB_open	−5

3．单击"确定"按钮，完成模架的调入。

5.6.2 修改工件

1．单击"注塑模向导"工具条中的"工件"图标 ，弹出"工件"对话框，将"定义类型"修改为"草图"，开始距离修改为−76，如图 5-18 所示。

2．在"表区域驱动"区域中单击"绘制截面"图标，进入草绘模式。

3．绘制直径为 260 的圆，将正方形的 4 条边修改为参考模式，草绘图形如图 5-19 所示。

4．在"主页"工具条中单击"完成草图"图标，返回"工件"对话框，单击"确定"按钮，完成工件的修改。在装配导航器中关闭模架的显示，修改后的图形如图 5-20 所示。

图 5-18　"工件"对话框

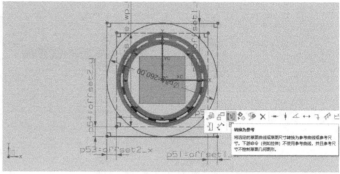

图 5-19　草绘图形

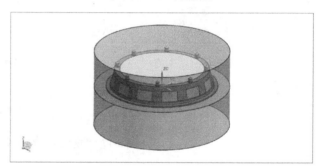

图 5-20　工件

5.6.3　编辑插入腔

1．在装配导航器中勾选"pocket"，图形显示插入腔。

2．在图形区中选中插入腔，单击右键，弹出快速编辑菜单，选择"在窗口中打开"选项，在新窗口中打开插入腔。或者在左侧装配导航器中选中"pocket"，单击右键，弹出快速编辑菜单，选择"在窗口中打开"选项，在新窗口中打开插入腔。

3．单击"应用模块"工具条中的"建模"图标，进入建模模式。在"主页"工具条的"特征"工具区域中单击"拉伸"图标，弹出"拉伸"对话框，如图 5-21 所示。

4．在"表区域驱动"区域中单击"绘制截面"图标，弹出"创建草图"对话框。

5．在草绘平面中选择指定平面，在图形区中选择插入腔零件的上顶面。

6．在"草图原点"区域中单击"指定点"图标，弹出"点"对话框，输入坐标 X、Y、Z 的值为（0，0，0），单击"确定"按钮，退出"点"对话框，返回"创建草图"对话框。

7．在"创建草图"对话框中单击"确定"按钮，进入草绘模式，绘制直径为 260 的圆，如图 5-22 所示。

8．在"主页"工具条中单击"完成草图"图标，返回"拉伸"对话框。在"拉伸"

对话框中"指定矢量"的方向为-ZC，在"限制"区域中，"结束"类型选择"贯通"，在"布尔"区域中，"布尔"运算选择"相交"。

9. 单击"应用"按钮，再单击"取消"按钮，完成插入腔的修改，修改后的图形如图 5-23 所示。

图 5-21 "拉伸"对话框

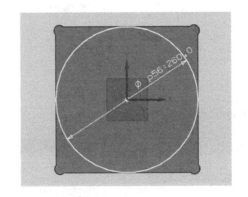

图 5-22 草绘图形

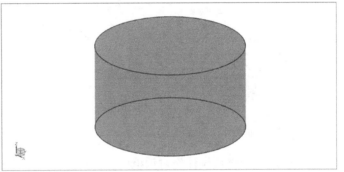

图 5-23 插入腔

5.7 推出机构设计

5.7.1 推件板镶件设计

1. 在装配导航器中取消其他零件的显示，仅显示型芯和推件板。

2. 在"注塑模向导"工具条的"主要"工具区域中单击"子镶块库"图标，左侧弹出"重用库"对话框，"成员选择"选择"CORE SUB INSERT"，如图 5-24 所示，然后弹出"子镶块设计"对话框，如图 5-25 所示。

3. 在"详细信息"区域中，修改"SHAPE"的值为"ROUND"，修改"FOOT"的值为"ON"，修改"FOOT_OFFSET_1"的值为 5，修改"X_LENGTH"的值为 260，修改"Z_LENGTH"的值为 36，修改"FOOT_HT"的值为 10。

4. 单击"应用"按钮，弹出"点"对话框，选择型芯的圆心，单击"确定"按钮，再单击"取消"按钮，退出"点"对话框。

图 5-24 "重用库"对话框

图 5-25 "子镶块设计"对话框

5．此时，"子镶块设计"对话框的"部件"区域略有改变，单击"部件"区域中的"翻转方向"图标◀，镶件翻转方向，单击"重定位"图标📦，弹出"移动组件"对话框。

6．在"变换"区域中，将"运动"修改为"点到点"，"指定出发点"选择"镶件底面圆心"，"指定目标点"选择型芯分型面的圆心，单击"取消"按钮，退出"移动组件"对话框。

7．单击"应用"按钮，再单击"取消"按钮，退出"子镶块设计"对话框。完成后的推件板镶件图形如图 5-26 所示。

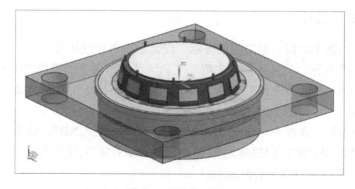

图 5-26　推件板镶件

5.7.2 推件板开腔

1. 在"注塑模向导"工具条的"主要"工具区域中单击"腔"图标 ，弹出"开腔"对话框。

2. 在"开腔"对话框中，"目标"选择推件板，"工具"选择创建的子镶件。单击"应用"按钮，再单击"取消"按钮，完成推件板的开腔设计，完成后的图形如图5-27所示。

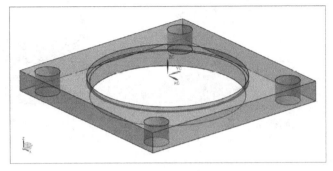

图5-27 推件板的开腔设计

5.7.3 编辑型芯

1. 在左侧装配导航器中，选中型芯零件，单击右键，弹出快速编辑菜单，选择"在窗口中打开"选项，即可在新窗口中打开型芯。

2. 在"主页"工具条的"特征"工具区域中单击"旋转"图标，弹出"旋转"对话框，如图5-28所示。

3. 在"表区域驱动"区域中，单击"绘制截面"图标，弹出"创建草图"对话框。

4. 在"草绘平面"区域中单击"指定平面"图标，弹出"平面"对话框，在"类型"区域中将"旋转"修改为YC-ZC平面，单击"确定"按钮，退出"平面"对话框，返回"创建草图"对话框。

5. 在"草图原点"区域中单击"指定点"图标，弹出"点"对话框，输入坐标X、Y、Z的值为(0,0,0)，单击"确定"按钮，退出"点"对话框，返回"创建草图"对话框。

6. 在"创建草图"对话框中单击"确定"按钮，进入草绘模式。绘制如图5-29所示的截面。

7. 在"主页"工具条中单击"完成草图"图标，返回"旋转"对话框。

8. 在"旋转"对话框的"轴"区域中，"指定矢量"方向为ZC，单击"指定点"图标，弹出"点"对话框，输入坐标X、Y、Z的值为(0,0,0)，单击"确定"按钮，退

图5-28 "旋转"对话框

出"点"对话框，返回"旋转"对话框。在"布尔"区域中选择"布尔"运算为"减去"。

9．单击"应用"按钮，单击"取消"按钮，完成型芯的修改，修改后的图形如图 5-30 所示。

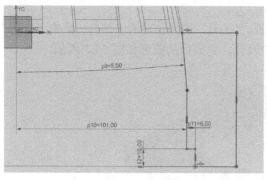

图 5-29　绘制截面

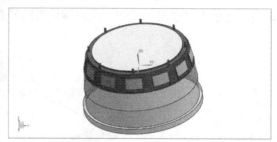

图 5-30　型芯

5.7.4　编辑子镶件

1．在装配导航器中关闭推件板的显示，图形区仅显示型芯和推件板子镶件。

2．在"注塑模向导"工具条的"主要"工具区域中单击"腔"图标 ⚒，弹出"开腔"对话框。

3．在"开腔"对话框中，"目标"选择"推件板镶件"，"工具类型"选择"实体"，"工具"选择"型芯"。单击"应用"按钮，再单击"取消"按钮，完成推件板子镶件的开腔设计。

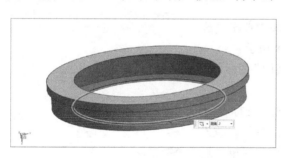

图 5-31　倒角

4．在左侧装配导航器中选中推件板镶件零件，单击右键，弹出快速编辑菜单，选择"在窗口中打开"选项。

5．在"主页"工具条的"特征"工具区域中单击"倒斜角"图标 🔩，弹出"倒斜角"对话框。

6．在"倒斜角"对话框中，"距离"输入 2，在"边"区域中单击"选择边"图标，选择镶件孔底面的边，如图 5-31 所示。

7．单击"应用"按钮，再单击"取消"按钮，完成孔的倒角。

5.8　浇注系统设计

5.8.1　定位圈设计

1．在装配导航器中勾选显示模架和成型零件组件，图形区将显示模架和成型零件组件等。

2．在"注塑模向导"工具条的"主要"工具区域中单击"标准件库"图标 🔧，左侧弹出"重用库"导航器，"名称"选择"FUTABA_MM"下的"Locating Ring Interchangeable"，"成员选择"选择右边的"Locating Ring"，弹出"标准件管理"对话框，如图 5-32 所示。

3．在"详细信息"区域中，修改"DIAMETER"的值为 120，单击"应用"按钮，弹出信息提示框，将其关闭，单击"取消"按钮，完成定位圈的设计，如图 5-33 所示。

图 5-32　"标准件管理"对话框

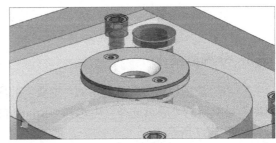

图 5-33　定位圈

5.8.2　浇口套设计

1．在"注塑模向导"工具条的"主要"工具区域中单击"标准件库"图标 ，在左侧弹出"重用库"导航器，"名称"选择"FUTABA_MM"下的"Sprue Bushing"，"成员选择"选择右边的"Sprue Bushing"，弹出"标准件管理"对话框，如图 5-34 所示。

2．修改"CATALOG_DIA"的值为 13，修改"TAPER"的值为 2，修改"CATALOG_LENGTH"的值为 30，修改"CONE_ANGLE"的值为 2，单击"应用"按钮，再单击"取消"按钮，浇口套导入完成。

3．发现浇口套长度尺寸有误，需要修改。

4．在装配导航器中取消其他模具零件的显示，仅显示型腔零件和浇口套零件。

5．单击"分析"工具条"测量"工具区域中的"测量距离"图标 ，在弹出的"测量距离"对话框中，起点选择浇口套小端端面的圆心，

图 5-34　"标准件管理"对话框

终点选择型腔的内平面，显示测量的距离为 24.58。

6. 修改浇口套长度参数。再次在"注塑模向导"工具条的"主要"工具区域中单击"标准件库"图标，弹出"标准件管理"对话框，在"部件"区域中单击"选择标准件"图标，在图形区中选择导入的浇口套，"选择标准件"的数量为 1，在"详细信息"区域中，修改"CATALOG_LENGTH"的值为 54.5。单击"应用"按钮，再单击"取消"按钮，完成浇口套的修改，完成后的图形如图 5-35 所示。

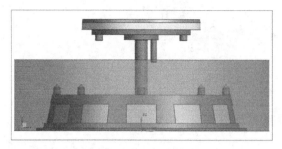

图 5-35　浇口套

5.8.3　分流道设计

1. 在"注塑模向导"工具条的"主要"工具区域中单击"设计填充"图标，在左侧"重用库"导航器的"成员选择"中选择"Runner[2]"，如图 5-36 所示，弹出"设计填充"对话框，如图 5-37 所示。

图 5-36　"重用库"导航器

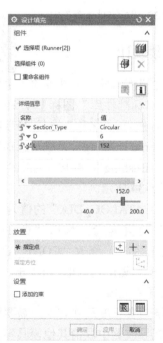

图 5-37　"设计填充"对话框

2. 在"设计填充"对话框的"详细信息"区域中，修改"D"的值为 6，修改"L"的值为 152。单击"放置"区域中的"指定点"图标，弹出"点"对话框，"类型"选择"自动判断的点"，选择产品顶面圆心，单击"确定"按钮，退出"点"对话框。

3．此时，"设计填充"对话框略有改变，在"组件"区域中勾选"复制实例"选项，单击"应用"按钮，在图形区中选择 *XC* 和 *YC* 轴间圆弧上的点，输入角度值 90，按回车键后，分流道旋转 90°。

4．单击"取消"按钮，退出"设计填充"对话框，发现分流道位置不合适，需要修改，如图 5-38 所示。

5．在"注塑模向导"工具条的"主要"工具区域中单击"设计填充"图标，弹出"设计填充"对话框，在"设计填充"对话框的"组件"区域中，单击"选择组件"图标，在图形区中选择分流道，选择 *XC* 和 *YC* 轴间圆弧上的点，输入角度值 22.5，按回车键后，分流道旋转 22.5°。

6．采用同样的方法选择另一条分流道，完成旋转后的图形如图 5-39 所示。

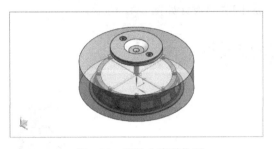

图 5-38　原始分流道位置

图 5-39　修改后的分流道位置

5.8.4　浇口设计

1．在装配导航器中关闭其他零件的显示，勾选型芯的显示，图形区显示型芯和分流道，其余部件不可见。

2．在"注塑模向导"工具条的"主要"工具区域中单击"设计填充"图标，在左侧"重用库"导航器的"成员选择"中选择"Gate[Side]"，如图 5-40 所示，弹出"设计填充"对话框，如图 5-41 所示。

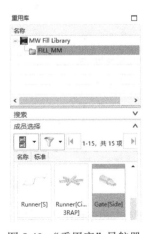

图 5-40　"重用库"导航器

图 5-41　"设计填充"对话框

3．在"设计填充"对话框的"详细信息"区域中，修改"D"的值为6，修改"L1"的值为 6.5。在"放置"区域中单击"选择对象"图标 ✛，在图形区中选择分流道，单击"应用"按钮，再单击"取消"按钮，退出"设计填充"对话框。

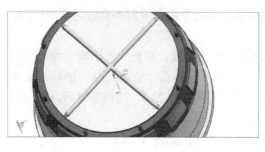

图 5-42　浇口

4．在"注塑模向导"工具条的"主要"工具区域中单击"设计填充"图标 ▦，在弹出的"设计填充"对话框的"详细信息"区域中，修改"D"的值为6，修改"L1"的值为6.5。在"放置"区域中单击"选择对象"图标 ✛，在图形区中选择另一个分流道，单击"应用"按钮，再单击"取消"按钮，退出"设计填充"对话框。完成后的浇口设计如图 5-42 所示。

5.9　冷却系统设计

5.9.1　型芯冷却设计

一、隔片式水井设计

1．在"注塑模向导"工具条的"冷却工具"工具区域中单击"冷却标准件库"图标 ᠍，左侧弹出"重用库"导航器，"名称"选择"COOLING"下的"Water"，"成员选择"选择"Water_Tower_Ring[Core]"，如图 5-43 所示，弹出"冷却组件设计"对话框，如图 5-44 所示。

图 5-43　"重用库"导航器

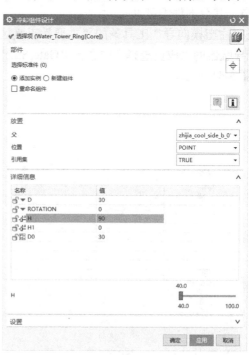

图 5-44　"冷却组件设计"对话框

2．在"冷却组件设计"对话框的"详细信息"区域中，修改"D"的值为30，修改"H"的值为90，单击"应用"按钮，进入"点"对话框。

3．修改 *XC*、*YC* 坐标的值为（50，50），单击"确定"按钮，生成第一个冷却通道。依次修改 *XC*、*YC* 的值为（50，-50）、（-50，-50）、（-50，50），依次单击"确定"按钮，生成其余冷却通道，如图5-45所示。单击"取消"按钮，返回"冷却组件设计"对话框。

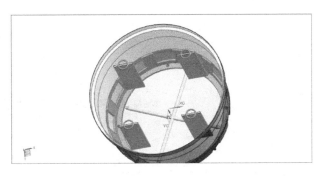

图 5-45　隔水片

二、隔水片开腔

1．在"注塑模向导"工具条的"主要"工具区域中单击"腔"图标，弹出"开腔"对话框。

2．在"开腔"对话框中，"目标"选择"型芯"，"工具类型"选择"组件"，"工具"选择4个隔水片。单击"应用"按钮，再单击"取消"按钮，完成后的图形如图5-46所示。

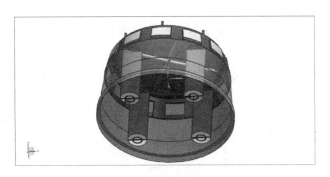

图 5-46　开腔

三、编辑密封圈

1．选择密封圈，单击右键后在弹出的快速编辑菜单中选择"删除"选项，在弹出的"删除"对话框中单击"确定"按钮，在弹出的"移除组件"对话框中单击"是"按钮。

2．在"注塑模向导"工具条的"冷却工具"工具区域中单击"冷却标准件库"图标，左侧弹出"重用库"导航器，"名称"选择"COOLING"下的"Water"，"成员选择"选择"O-RING"，如图5-47所示，弹出"冷却组件设计"对话框，如图5-48所示。

图 5-47 "重用库"导航器　　　　　图 5-48 "冷却组件设计"对话框

3．在"冷却组件设计"对话框的"详细信息"区域中，修改参数"FITTING_DIA"的值为 34.05，"放置"区域的"位置"选择"POINT"，单击"应用"按钮，弹出"点"对话框。

4．在图形区中依次选择水井端面圆心位置，单击"取消"按钮退出"点"对话框，返回"冷却组件设计"对话框，生成密封圈。

5．在"冷却组件设计"对话框的"部件"区域中，单击"重定位"图标，弹出"移动组件"对话框。

6．在"变换"区域中，将"运动"修改为"动态"，在图形区中选择 ZC 方向箭头，"距离"输入-75，单击"应用"按钮，再单击"取消"按钮，退出"移动组件"对话框。

7．采用同样的方法对其余 3 个密封圈进行移动，然后单击"取消"按钮，退出"冷却组件设计"对话框，移动后的密封圈如图 5-49 所示。

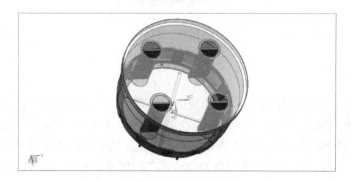

图 5-49　密封圈

5.9.2 支承板冷却设计

一、冷却通道设计

1．在装配导航器中勾选支承板"u_piate"，关闭型芯和流道浇口的显示，图形区显示支承板和隔水片。

2．在"注塑模向导"工具条的"冷却工具"工具区域中单击"冷却标准件库"图标，左侧弹出"重用库"导航器，"名称"选择"COOLING_UNIVERSAL"，"成员选择"选择"Cooling[Moldbase_core]"，弹出"冷却组件设计"对话框，如图5-50所示。

图5-50 "冷却组件设计"对话框

3．在"冷却组件设计"对话框的"详细信息"区域中，修改"COOLING_D"的值为8，修改"L1"的值为125，单击"应用"按钮，进入"点"对话框。

4．修改 XC、YC 的值为（50，58），单击"确定"按钮，输入 XC、YC 的值为（50，-58），单击"确定"按钮，生成的冷却通道如图5-51所示。单击"取消"按钮，返回"冷却组件设计"对话框，单击"取消"按钮，退出"冷却组件设计"对话框。

5．在"注塑模向导"工具条的"冷却工具"工具区域中单击"冷却标准件库"图标，左侧弹出"重用库"导航器，"名称"选择"COOLING_UNIVERSAL"，"成员选择"选择"Cooling [Moldbase_core]"，弹出"冷却组件设计"对话框。在"冷却组件设计"对话框的"详细信息"区域中，修改"COOLING_D"的值为8，修改"ROTATE"的值为"X_LEFT"，修改"L1"的值为125，单击"应用"按钮，进入"点"对话框。在"点"对话框中，修改 XC、YC 的值为（-50，-58），单击"确定"按钮，输入 XC、YC 的值为（-50，58），单击"确定"

按钮，生成的冷却通道如图 5-52 所示。单击"取消"按钮，返回"冷却组件设计"对话框。

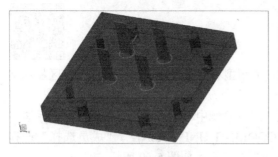

图 5-51　冷却通道

图 5-52　冷却通道

二、开腔

1．在"注塑模向导"工具条的"主要"工具区域中单击"腔"图标　，弹出"开腔"对话框。

2．在"开腔"对话框中，"目标"选择支承板，"工具类型"选择"组件"，"工具"选择4 个水管接头。单击"应用"按钮，再单击"取消"按钮，完成后的图形如图 5-53 所示。

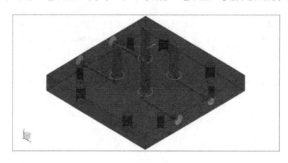

图 5-53　开腔

5.9.3　支承板连接水路设计

一、横向冷却通道设计

1．在"注塑模向导"工具条的"冷却工具"工具区域中单击"冷却标准件库"图标　，左侧弹出"重用库"导航器，"名称"选择"COOLING"下的"Water"，"成员选择"选择"COOLING HOLE"，弹出"冷却组件设计"对话框，如图 5-54 所示。

2．在"冷却组件设计"对话框的"详细信息"区域中，修改"PIPE_THREAD"的值为"M8"，修改"HOLE_1_DEPTH"的值为 180，修改"HOLE_2_DEPTH"的值为 180，在"放置"区域中单击"选择面或平面"图标，选择支承板的前侧面。

3．单击"应用"按钮，弹出"标准件位置"对话框，输入 X、Y 的偏置尺寸（50，–105）。

4．图形区显示新建冷却通道位置，单击"应用"按钮。

5．在"标准件位置"对话框中，输入 X、Y 偏置尺寸（–50，–105），单击"应用"按钮，再单击"取消"按钮，返回"冷却组件设计"对话框，单击"取消"按钮，退出"冷却组件设计"对话框。

图 5-54 "冷却组件设计"对话框

6．在"注塑模向导"工具条的"冷却工具"工具区域中单击"冷却标准件库"图标 ，弹出"冷却组件设计"对话框。在"冷却组件设计"对话框的"详细信息"区域中，修改"PIPE_THREAD"的值为"M8"，修改"HOLE_1_DEPTH"的值为180，修改"HOLE_2_DEPTH"的值为180，在"放置"区域中单击"选择面或平面"图标，选择支承板的后侧面。

7．单击"应用"按钮，弹出"标准件位置"对话框，在图形区中捕捉创建的冷却通道的圆心，单击"应用"按钮。

8．再次在图形区中捕捉创建的另一个冷却通道的圆心，单击"应用"按钮，再单击"取消"按钮，返回"冷却组件设计"对话框，单击"取消"按钮，退出"冷却组件设计"对话框，图形区显示新建的冷却通道，如图 5-55 所示。

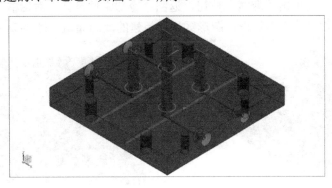

图 5-55 冷却通道

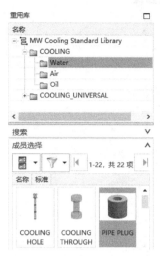

图 5-56 "重用库"导航器

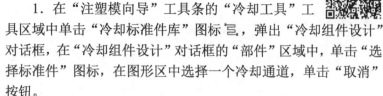

二、水塞设计

1. 在"注塑模向导"工具条的"冷却工具"工具区域中单击"冷却标准件库"图标，弹出"冷却组件设计"对话框，在"冷却组件设计"对话框的"部件"区域中，单击"选择标准件"图标，在图形区中选择一个冷却通道，单击"取消"按钮。

2. 在"注塑模向导"工具条的"冷却工具"工具区域中单击"冷却标准件库"图标，左侧弹出"重用库"导航器，"名称"选择"COOLING"下的"Water"，"成员选择"选择"PIPE PLUG"，如图 5-56 所示，弹出"冷却组件设计"对话框。

3. 在"冷却组件设计"对话框中，"详细信息"的各项采用默认参数，单击"应用"按钮，再单击"取消"按钮，完成该冷却通道的水塞设计。

4. 再次单击"冷却标准件库"图标，弹出"冷却组件设计"对话框，在"部件"区域中，单击"选择标准件"图标，在图形区中选择另一个冷却通道，单击"取消"按钮。

5. 单击"冷却标准件库"图标，左侧弹出"重用库"导航器，"名称"选择"COOLING"下的"Water"，"成员选择"选择"PIPE PLUG"。在弹出的"冷却组件设计"对话框中，"详细信息"的各项采用默认参数，单击"应用"按钮，再单击"取消"按钮，完成该冷却通道的水塞设计，如图 5-57 所示。

三、竖直冷却通道设计

1. 在"注塑模向导"工具条的"冷却工具"工具区域中单击"冷却标准件库"图标，弹出"冷却组件设计"对话框。在"冷却组件设计"对话框的"详细信息"区域中，修改"PIPE_THREAD"的值为"M8"，修改"HOLE_1_DEPTH"的值为 30，修改"HOLE_2_DEPTH"的值为 30，在"放置"区域中单击"选择面或平面"图标，选择支承板的上顶面。

2. 单击"应用"按钮，弹出"标准件位置"对话框，输入 X、Y 的偏置尺寸（50，42），单击"应用"按钮。依次输入 X、Y 的偏置尺寸（−50，42）、（−50，−42）、（50，−42），依次单击"应用"按钮。再单击"取消"按钮，返回"冷却组件设计"对话框，单击"取消"按钮，退出"冷却组件设计"对话框，图形区显示新建的冷却通道如图 5-58 所示。

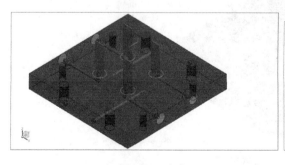

图 5-57 水塞

图 5-58 冷却通道

5.9.4 定模冷却设计

一、定模板密封圈设计

1．在装配导航器中关闭其他零件的显示，勾选定模板和插入腔的显示，图形区显示定模板和插入腔。

2．在"注塑模向导"工具条的"主要"工具区域中单击"腔"图标，弹出"开腔"对话框。

3．在"开腔"对话框中，"目标"选择定模板，"工具"选择创建的插入腔，如图 5-59 所示。单击"应用"按钮，再单击"取消"按钮，完成开腔设计。

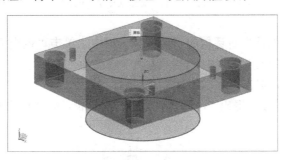

图 5-59　选择插入腔

4．在装配导航器中关闭插入腔的显示，仅显示定模板。

5．在"注塑模向导"工具条的"冷却工具"工具区域中单击"冷却标准件库"图标，左侧弹出"重用库"导航器，"名称"选择"COOLING"下的"Water"，"成员选择"选择"O-RING"，弹出"冷却组件设计"对话框，如图 5-60 所示。

图 5-60　"冷却组件设计"对话框

6．在"冷却组件设计"对话框的"详细信息"区域中，修改参数"FITTING_DIA"的值为260，修改参数"SECTION_DIA"的值为265，修改参数"GROOVE_WIDE"的值为1.27，修改参数"GROOVE_DEEP"的值为2.4。在"放置"区域中，"父"项选择"zhijia_cool_side_a_01"，"位置"选择"POINT"，单击"应用"按钮，弹出"点"对话框，单击"确定"按钮，生成密封圈。

7．在"冷却组件设计"对话框的"部件"区域中，单击"重定位"图标，弹出"移动组件"对话框。

8．在"移动组件"对话框的"变换"区域中，将"运动"修改为"动态"，在图形区中，Z方向输入12.4，单击"确定"按钮，退出"移动组件"对话框。

9．在"冷却组件设计"对话框的"部件"区域中，勾选"添加实例"选项，单击"应用"按钮，生成密封圈。

10．在"冷却组件设计"对话框的"部件"区域中，单击"重定位"图标，弹出"移动组件"对话框。在"变换"区域中，将"运动"修改为"动态"，在图形区中，Z方向输入50，单击"确定"按钮，退出"移动组件"对话框。

11．单击"取消"按钮，退出"冷却组件设计"对话框，完成后的密封圈如图5-61所示。

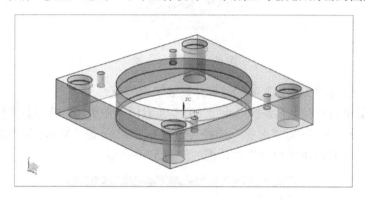

图5-61　密封圈

12．在"注塑模向导"工具条的"主要"工具区域中单击"腔"图标，弹出"开腔"对话框。

13．在"开腔"对话框中，"目标"选择定模板，"工具"选择创建的密封圈组件，如图5-62所示。单击"应用"按钮，再单击"取消"按钮，完成开腔设计。

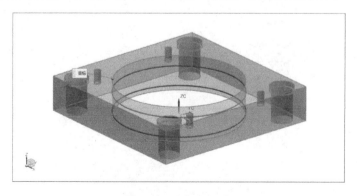

图5-62　选择插入腔

二、定模板环绕冷却通道设计

（一）新建组件

1．在"装配"工具条的"组件"工具区域中单击"新建组件"图标，弹出"新组件文件"对话框，在新文件"名称"中输入文件名"zhijia_o_cool_a"，单击"确定"按钮。

2．弹出"新建组件"对话框，单击"确定"按钮。

3．在装配导航器中，拖动"zhijia_o_cool_a"零件至"zhijia_cool_side_a_016"组件，如图 5-63 所示，修改圆形冷却通道的"父"项为定模冷却组件。

4．弹出"修改装配结构"对话框，单击"确定"按钮，确定修改装配结构。

5．在装配导航器中，选择"zhijia_o_cool_a"零件，单击右键后弹出快速编辑菜单，选择"设为工作部件"选项。

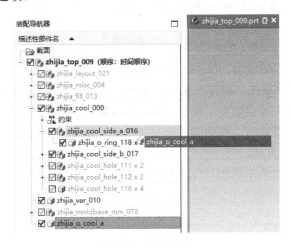

图 5-63　拖动零件

（二）创建曲线

1．在"曲线"工具条的"直接草图"区域中单击"草图"图标，弹出"创建草图"对话框。

2．在"草图平面"区域中，单击"指定平面"图标，弹出"平面"对话框。

3．在"平面"对话框中，"类型"选择"XC-YC 平面"，在"偏置和参考"区域中，"距离"输入 22，单击"确定"按钮，退出"平面"对话框，返回"创建草图"对话框。

4．在"草图原点"区域中单击"指定点"图标，弹出"点"对话框，将坐标 X、Y、Z 的值设为（0，0，0），单击"确定"按钮，退出"点"对话框，返回"创建草图"对话框。

5．在"创建草图"对话框中，单击"确定"按钮，进入草绘模式，绘制如图 5-64 所示的截面。

6．在"主页"工具条中单击"完成草图"图标。

7．在"曲线"工具条的"直接草图"工具区域中单击"草图"图标，弹出"创建草图"对话框。

8．在"草图平面"区域中，单击"指定平面"图标，弹出"平面"对话框。

9．在"平面"对话框中，"类型"选择"XC-YC 平面"，在"偏置和参考区域"中，"距离"输入 38，单击"确定"按钮，退出"平面"对话框，返回"创建草图"对话框。

UG NX 12 Mold Wizard 塑料注射模设计教程

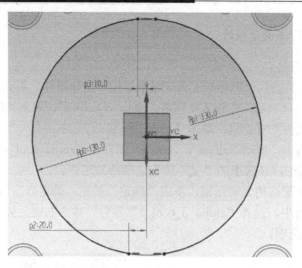

图 5-64　草绘截面

10．在"草图原点"区域中，单击"指定点"图标，弹出"点"对话框，将坐标 X、Y、Z 的值设为（0，0，0），单击"确定"按钮，退出"点"对话框，返回"创建草图"对话框。

11．在"创建草图"对话框中，单击"确定"按钮，进入草绘模式，绘制如图 5-65 所示的第二条圆弧曲线。在草绘时，圆弧圆心选择模板的坐标原点，圆弧 2 个端点分别捕捉到如图 5-64 所示圆弧的 2 个端点。

12．在"主页"工具条中单击"完成草图"图标。

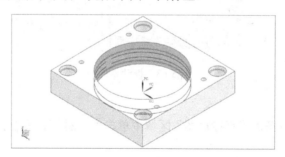

图 5-65　草绘曲线

13．在"曲线"工具条的"曲线"工具区域中单击"直线"图标，弹出"直线"对话框，选择圆弧端点作为直线的端点，创建 2 条直线，完成后的直线如图 5-66 所示。

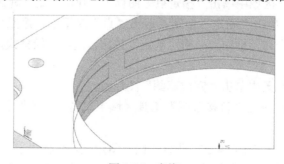

图 5-66　直线

（三）创建管道

1．在"主页"工具条的"特征"工具区域中选择"更多"，单击"扫掠"区
域的"管"图标 ，弹出"管"对话框，如图 5-67 所示。

2．在"管"对话框中，"横截面"区域的"外径"输入 8，在"路径"区域中，依次选
择创建的 3 条圆弧，依次单击"应用"按钮，再单击"取消"按钮，完成管的创建。完成后
的管道如图 5-68 所示。

图 5-67　"管"对话框

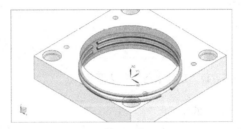

图 5-68　管道

（四）创建水路图样

1．在"注塑模向导"工具条的"冷却工具"工具区域中单击"水路图样"图
标 ，弹出"通道图样"对话框，如图 5-69 所示。

2．在"通道图样"对话框的"设置"区域中，"通道直径"输入 8，在"通道路径"区
域中单击"选择曲线"图标，在图形区中依次选择创建的直线，依次单击"应用"按钮，再
单击"取消"按钮，完成水路图样的创建。完成后的水路图样如图 5-70 所示。

图 5-69　"通道图样"对话框

图 5-70　水路图样

（五）延伸水路

1．在"注塑模向导"工具条的"冷却工具"工具区域中单击"延伸水路"图
标 ，弹出"延伸水路"对话框，如图 5-71 所示。

2．在"延伸水路"对话框的"水路"区域中，单击"选择水路"图标，在图形区中选择
创建的水路，在"限制"区域中，"距离"输入 1，单击"选择边界实体"图标，在图形区中
选择创建的管。

3．在确认延伸方向无误后，单击"应用"按钮，完成第一个水路延伸，如果方向有误，
可以在水路区域中单击"反向"图标调整延伸方向。

4．按以上步骤对其他 3 个位置进行延伸，完成的延伸水路如图 5-72 所示。

图 5-71 "延伸水路"对话框

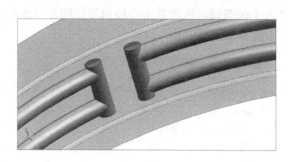

图 5-72 延伸水路

（六）合并水路

1. 在"主页"工具条的"特征"工具区域中单击"合并"图标，弹出"合并"对话框，如图 5-73 所示。

2. 在"合并"对话框中，"目标"选择水路，"工具"依次选择各管，依次单击"应用"按钮，完成水路的合并，完成后的图形如图 5-74 所示。注意：目标和工件不能选错，因为目标的属性是冷却通道。

图 5-73 "合并"对话框

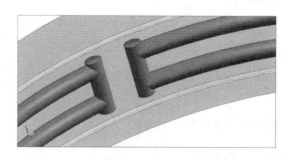

图 5-74 图形显示

（七）开腔

1. 在"注塑模向导"工具条的"主要"工具区域中单击"腔"图标，弹出"开腔"对话框。

2. 在"开腔"对话框中，"目标"选择定模板，"工具类型"选择"组件"，"工具"选择创建的水路。单击"应用"按钮，再单击"取消"按钮，完成开腔设计。在装配导航器中，选择"top"，单击右键后弹出快速编辑菜单，选择"设为工作部件"选项，完成的图形如图 5-75 所示。

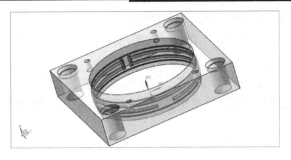

图 5-75 图形显示

三、定模板直冷却通道设计

（一）创建冷却通道

1. 在"注塑模向导"工具条的"冷却工具"工具区域中单击"冷却标准件库"图标 ，左侧弹出"重用库"导航器，"名称"选择"COOLING_UNIVERSAL"，"成员选择"选择"Cooling [Moldbase_cavity]"，弹出"冷却组件设计"对话框，如图 5-76 所示。

2. 在"冷却组件设计"对话框的"详细信息"区域中，修改"COOLING_D"的值为 8，单击"应用"按钮，进入"点"对话框。

3. 修改 XC、YC 的值为（80，20），单击"确定"按钮。输入 XC、YC 的值为（80，-20），单击"确定"按钮。单击"取消"按钮，返回"冷却组件设计"对话框。再单击"取消"按钮，退出"冷却组件设计"对话框。

图 5-76 "冷却组件设计"对话框

4. 在"注塑模向导"工具条的"冷却工具"工具区域中单击"冷却标准件库"图标 ，左侧弹出"重用库"导航器，"名称"选择"COOLING_UNIVERSAL"，"成员选择"选择

"Cooling [Moldbase_cavity]"，弹出"冷却组件设计"对话框。在"冷却组件设计"对话框的"部件"区域中，单击"选择标准件"图标，在图形区中选择水管接头，单击"重定位"图标，弹出"移动组件"对话框。

5．在"移动组件"对话框的"变换"区域中，"运动"选择"动态"，在图形区中，Z 方向输入-63，再单击"应用"按钮，再单击"取消"按钮，退出"移动组件"对话框，返回"冷却组件设计"对话框。

6．在"冷却组件设计"对话框的"部件"区域中，单击"选择标准件"图标，在图形区中选择另一个水管接头，单击"重定位"图标，弹出"移动组件"对话框。在"变换"区域中，"运动"选择"动态"，在图形区中，Z 方向输入-63。单击"应用"按钮，再单击"取消"按钮，退出"移动组件"对话框。单击"取消"按钮，退出"冷却组件设计"对话框，完成后的图形如图 5-77 所示。

（二）开腔

1．在"注塑模向导"工具条的主要工具区域中单击"腔"图标，弹出"开腔"对话框。

2．在"开腔"对话框中，"目标"选择定模板，"工具类型"选择"组件"，"工具"选择创建的水路。单击"应用"按钮，再单击"取消"按钮，完成开腔设计，完成后的图形如图 5-78 所示。

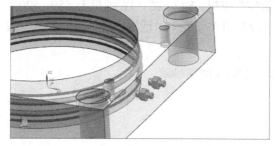
图 5-77　水路

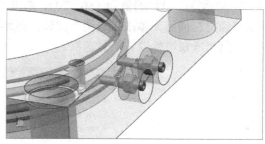
图 5-78　水路开腔

5.9.5　推件板冷却设计

一、推件板密封圈设计

1．在装配导航器中，关闭其他零件的显示，勾选推件板"s-plate"的显示。

2．在"注塑模向导"工具条的"冷却工具"工具区域中单击"冷却标准件库"图标，左侧弹出"重用库"导航器，"名称"选择"COOLING"下的"Water"，"成员选择"选择"O-RING"，弹出"冷却组件设计"对话框，如图 5-79 所示。

3．在"冷却组件设计"对话框的"详细信息"区域中，修改参数"FITTING_DIA"的值为 260，修改参数"SECTION_DIA"的值为 265，修改参数"GROOVE_WIDE"的值为 1.27，修改参数"GROOVE_DEEP"的值为 2.4。在"放置"区域中，"父"项选择"zhijia_cool_side_b_0"，"位置"选择"POINT"，单击"应用"按钮，弹出"点"对话框，单击"确定"按钮，生成密封圈，退出"点"对话框，返回"冷却组件设计"对话框。

4．在"冷却组件设计"对话框的"部件"区域中，单击"重定位"图标，弹出"移动组件"对话框。

图 5-79 "冷却组件设计" 对话框

5. 在 "移动组件" 对话框的 "变换" 区域中, "运动" 选择 "动态", 在图形区中, Z 方向输入-30, 单击 "确定" 按钮, 退出 "移动组件" 对话框, 返回 "冷却组件设计" 对话框。

6. 在 "冷却组件设计" 对话框的 "部件" 区域中, 勾选 "添加实例" 选项, 单击 "应用" 按钮, 生成密封圈。

7. 在 "冷却组件设计" 对话框的 "部件" 区域中, 单击 "重定位" 图标, 弹出 "移动组件" 对话框。在 "变换" 区域中, "运动" 选择 "动态", 在图形区中, Z 方向输入-15, 单击 "确定" 按钮, 退出 "移动组件" 对话框, 返回 "冷却组件设计" 对话框。

8. 单击 "取消" 按钮, 退出 "冷却组件设计" 对话框, 完成后的图形如图 5-80 所示。

9. 在 "注塑模向导" 工具条的 "主要" 工具区域中单击 "腔" 图标, 弹出 "开腔" 对话框。

10. 在 "开腔" 对话框中, "目标" 选择推件板, "工具" 选择创建的密封圈组件, 单击 "应用" 按钮, 再单击 "取消" 按钮, 完成开腔设计, 完成后的图形如图 5-81 所示。

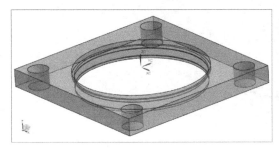

图 5-80 密封圈

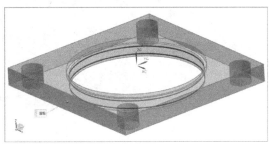

图 5-81 完成的推件板密封圈

二、推件板环绕冷却通道设计

（一）新建组件

1．在"装配"工具条的"组件"工具区域中单击"新建组件"图标 ，弹出"新组件文件"对话框，在新文件"名称"中输入文件名"zhijia_o_cool_b"，单击"确定"按钮。

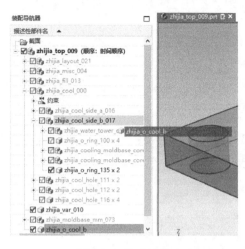

图 5-82　拖动零件

2．弹出"新建组件"对话框，单击"确定"按钮。

3．在装配导航器中，拖动"zhijia_o_cool_b"零件至"zhijia_cool_side_b_017"组件，如图 5-82 所示，修改圆形冷却通道的"父"项为定模冷却组件。

4．弹出"修改装配结构"对话框，单击"确定"按钮，确定修改装配结构。

5．在装配导航器中，选择"zhijia_o_cool_b"零件，单击右键后弹出快速编辑菜单，选择"设为工作部件"选项。

（二）创建曲线

1．在"曲线"工具条的"直接草图"工具区域中单击"草图"图标 ，弹出"创建草图"对话框。

2．在"草图平面"区域中，单击"指定平面"图标 ，弹出"平面"对话框。

3．在"平面"对话框中，"类型"选择"XC-YC 平面"，"偏置和参考区域"中的"距离"输入-24，单击"确定"按钮，退出"平面"对话框。

4．在"草图原点"区域中，单击"指定点"图标 ，弹出"点"对话框，将坐标 X、Y、Z 的值设为（0，0，0），单击"确定"按钮，退出"点"对话框，返回"创建草图"对话框。

5．在"创建草图"对话框中，单击"确定"按钮，进入草绘模式，绘制如图 5-83 所示的截面。

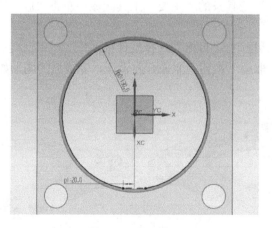

图 5-83　草绘截面

6．在"主页"工具条中单击"完成草图"图标 。

7．在"曲线"工具条的"曲线"工具区域中单击"直线"图标 ，弹出"直线"对话框，选择圆弧端点和圆心作为直线的端点，创建直线，完成后的图形如图 5-84 所示。

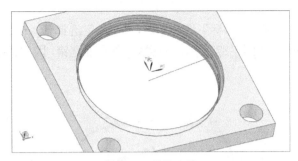

图 5-84　草绘直线

（三）创建管道

1．在"主页"工具条的"特征"工具区域中选择"更多"，单击"扫掠"区域的"管"图标 ，弹出"管"对话框。

2．在"管"对话框的"横截面"区域中，"外径"输入为 8，在"路径"区域中，选择创建的圆弧，单击"应用"按钮，再单击"取消"按钮，完成管的创建。完成后的图形如图 5-85 所示。

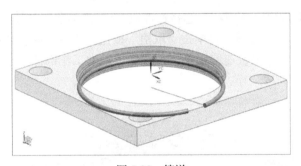

图 5-85　管道

（四）创建水路图样

1．在"注塑模向导"工具条的"冷却工具"工具区域中单击"水路图样"图标 ，弹出"通道图样"对话框。

2．在"通道图样"对话框的"设置"区域中，"通道直径"输入 8，在"通道路径"区域中单击"选择曲线"图标，在图形区中选择创建的直线，单击"应用"按钮，再单击"取消"按钮，完成水路图样的创建。完成后的图形如图 5-86 所示。

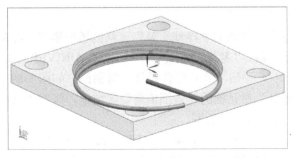

图 5-86　水路图样

（五）合并水路

1．在"主页"工具条的"特征"工具区域中单击"合并"图标 ，弹出"合并"对话框。

2．在"合并"对话框中，"目标"选择水路，"工具"选择管，单击"应用"按钮，完成水路的合并，完成后的图形如图 5-87 所示。目标和工件不能选错，因为目标的属性是冷却通道。

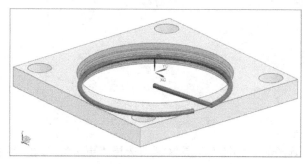

图 5-87　合并水路

（六）开腔

1．在"注塑模向导"工具条的"主要"工具区域中单击"腔"图标 ，弹出"开腔"对话框。

2．在"开腔"对话框中，"目标"选择推件板，"工具类型"选择"组件"，"工具"选择创建的水路。单击"应用"按钮，再单击"取消"按钮，完成开腔设计。在装配导航器中，选择"top"，单击右键后弹出快速编辑菜单，选择"设为工作部件"选项，完成后的图形如图 5-88 所示。

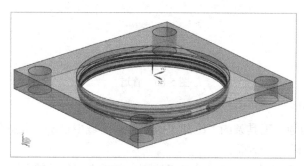

图 5-88　图形显示

三、推件板直冷却通道设计

（一）创建冷却通道

1．在"注塑模向导"工具条的"冷却工具"工具区域中单击"冷却标准件库"图标 冒，左侧弹出"重用库"导航器，"名称"选择"COOLING_UNIVERSAL"，"成员选择"选择"Cooling [Moldbase_core]"，弹出"冷却组件设计"对话框，如图 5-89 所示。

2．在"冷却组件设计"对话框的"详细信息"区域中，修改"COOLING_D"的值为 8，单击"应用"按钮，进入"点"对话框。

3．修改 XC、YC 的值为（80，20），单击"确定"按钮。输入 XC、YC 的值为（80，−20），单击"确定"按钮。单击"取消"按钮，返回"冷却组件设计"对话框。

图 5-89 "冷却组件设计"对话框

4．在"冷却组件设计"对话框的"部件"区域中，单击"重定位"图标，弹出"移动组件"对话框。

5．在"变换"区域中，"运动"选择"动态"，在图形区中，Z 方向输入 67，单击"应用"按钮，再单击"取消"按钮，退出"移动组件"对话框。

6．在"冷却组件设计"对话框的"部件"区域中，单击"选择标准件"图标，在图形区中选择另一个水管接头，单击"重定位"图标，弹出"移动组件"对话框。在"变换"区域中，"运动"选择"动态"，在图形区中，Z 方向输入 67，单击"应用"按钮，再单击"取消"按钮，退出"移动组件"对话框。单击"取消"按钮，退出"冷却组件设计"对话框，完成后的图形如图 5-90 所示。

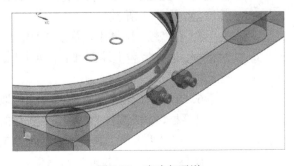

图 5-90 直冷却通道

（二）开腔

1. 在"注塑模向导"工具条的"主要"工具区域中单击"腔"图标 ，弹出"开腔"对话框。

2. 在"开腔"对话框中，"目标"选择定模板，"工具类型"选择"组件"，"工具"选择创建的水路。单击"应用"按钮，再单击"取消"按钮，完成开腔设计，完成后的图形如图 5-91 所示。

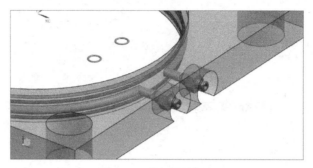

图 5-91　冷却通道开腔

5.10　其他零件设计

5.10.1　型腔定位设计

1. 在左侧装配导航器中取消勾选其他零件的显示，显示定模板和型腔。

2. 在图形区中选中型腔，单击右键，弹出快速编辑菜单，选择"在窗口中打开"选项，即可在新窗口中打开。也可在左侧装配导航器中选中"cavity"（型腔），单击右键，弹出快速编辑菜单，选择"在窗口中打开"选项，即可在新窗口中打开型腔。

3. 在"主页"工具条的"特征"工具区域中，选择"更多"，单击"设计特征"区域的"圆柱"图标 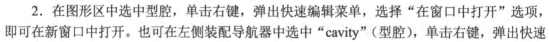，弹出"圆柱"对话框。

4. 在"圆柱"对话框中，"类型"选择"轴、直径和高度"，在"轴"区域中，"指定矢量"方向为-ZC，在"尺寸"区域中，"直径"为 270，"高度"为 10，"布尔"运算选择"合并"，如图 5-92 所示。

5. 在"轴"区域中，单击"指定点"图标 ，弹出"点"对话框，选择型腔上端面圆心，单击"确定"按钮，退出"点"对话框。

6. 单击"应用"按钮，再单击"取消"按钮，退出"圆柱"对话框，完成圆柱的创建，完成后的图形如图 5-93 所示。

7. 在"主页"工具条的"特征"工具区域中，单击"拉伸"图标，弹出"拉伸"对话框。

8. 在"表区域驱动"区域中，单击"绘制截面"图标 ，

图 5-92　"圆柱"对话框

弹出"创建草图"对话框。

9. 在"草绘平面"区域中单击"指定平面"图标,在图形区中选择型腔的上顶面。

10. 在"草图原点"区域中,单击"指定点"图标 ，弹出"点"对话框,坐标 X、Y、Z 的值设为（0,0,0）,单击"确定"按钮,退出"点"对话框,返回"创建草图"对话框。

11. 在"创建草图"对话框中,单击"确定"按钮,进入草绘模式,绘制如图 5-94 所示的图形,此处应注意相切关系。

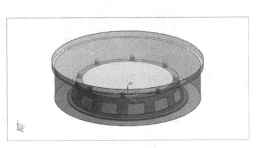

图 5-93 台阶

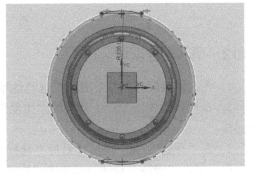

图 5-94 草绘图形

12. 在"主页"工具条中单击"完成草图"图标 ，返回"拉伸"对话框。在"拉伸"对话框中,"指定矢量"方向为-ZC,在"限制"区域中,"结束"类型选择"贯通",在"布尔"区域中,"布尔"运算选择"减去"。

13. 单击"应用"按钮,再单击"取消"按钮,完成型腔的修改,修改后的图形如图 5-95 所示。

14. 返回"top"图形区,在"注塑模向导"工具条的"主要"工具区域中单击"腔"图标 ，弹出"开腔"对话框。

15. 在"开腔"对话框中,"目标"选择定模板,"工具类型"选择"零件","工具"选择型腔。单击"应用"按钮,再单击"取消"按钮,完成开腔设计,完成后的图形如图 5-96 所示。

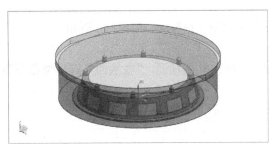

图 5-95 定位台阶

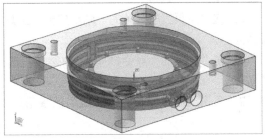

图 5-96 开腔

16. 在图形区中选中定模板,单击右键,弹出快速编辑菜单,选择"在窗口中打开"选项,即可在新窗口中打开如图 5-97 所示。

17. 在"主页"工具条的"同步建模"工具区域中单击"偏置区域"图标 ，弹出"偏置区域"对话框。在"偏置区域"对话框中,"选择面"选择如图 5-97 所示图形区中的面,在"偏置"区域中"距离"输入 1,单击"反向"图标,修改偏置方向,单击"应用"按钮,再单击"取消"按钮,完成面的偏置。

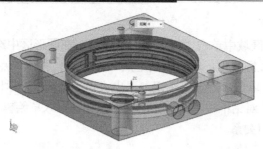

图 5-97　选择面

5.10.2　型芯定位设计

1．在左侧装配导航器中取消勾选其他零件显示，只显示动模板、插入腔和型芯。

2．在"注塑模向导"工具条的"主要"工具区域中单击"腔"图标 🔩，弹出"开腔"对话框。

3．在"开腔"对话框中，"目标"选择动模板，"工具类型"选择"组件"，"工具"选择插入腔。单击"应用"按钮，再单击"取消"按钮，完成开腔设计。在装配导航器中关闭插入腔的显示。完成后的图形如图 5-98 所示。

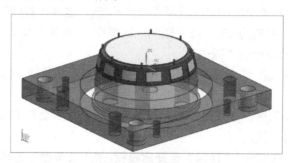

图 5-98　图形显示

4．在左侧装配导航器中，选中动模板 "b_piate"，单击右键，弹出快速编辑菜单，选择"设为工作部件"选项。

5．在"主页"工具条的"同步建模"工具区域中单击"替换面"图标 📎，弹出"替换面"对话框。

6．在"替换面"对话框中，"原始面"选择动模板内孔圆柱面，"替换面"选择型芯外圆柱面。

7．单击"确定"按钮，完成后的图形如图 5-99 所示。

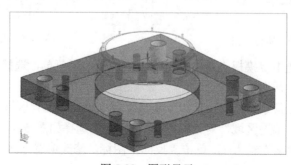

图 5-99　图形显示

8．在左侧装配导航器中选中型芯零件"core"，单击右键，弹出快速编辑菜单，选择"在窗口中打开"选项，即可在新窗口中打开型芯。

9．在"主页"工具条的"特征"工具区域中单击"拉伸"图标 ，弹出"拉伸"对话框。

10．在"表区域驱动"区域中单击"绘制截面"图标 ，弹出"创建草图"对话框。

11．在"草绘平面"区域中单击"指定平面"图标，在图形区中选择型芯的下底面。

12．在"草图原点"区域中单击"指定点"图标 ，弹出"点"对话框，坐标 X、Y、Z 设为（0，0，0），单击"确定"按钮，退出"点"对话框，返回"创建草图"对话框。

13．在"创建草图"对话框中单击"确定"按钮，进入草绘模式，绘制如图 5-100 所示的图形。

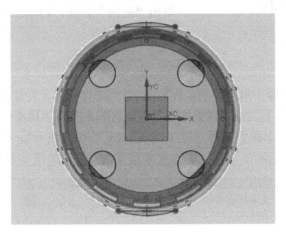

图 5-100　草绘图形

14．在"主页"工具条中单击"完成草图"图标 ，返回"拉伸"对话框。在"拉伸"对话框中，"指定矢量"方向为 ZC，在"限制"区域中，"结束"类型选择"贯通"，在"布尔"区域中，"布尔"运算选择"减去"。

15．单击"应用"按钮，再单击"取消"按钮，完成型芯的修改，修改后的图形如图 5-101 所示。

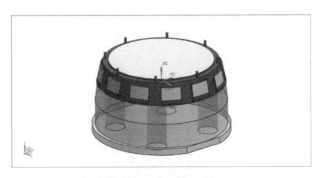

图 5-101　图形显示

16．返回"top"图形区，在"注塑模向导"工具条的"主要"工具区域中单击"腔"图标 ，弹出"开腔"对话框。

17. 在"开腔"对话框中，"目标"选择动模板，"工具类型"选择"零件"，"工具"选择型芯。单击"应用"按钮，单击"取消"按钮，完成开腔设计。

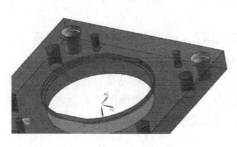

图 5-102　选择面

18. 在图形区中选中动模板，单击右键，弹出快速编辑菜单，选择"在窗口中打开"选项，即可在新窗口中打开。

19. 在"主页"工具条的"同步建模"工具区域中单击"偏置区域"图标，弹出"偏置区域"对话框。在"偏置区域"对话框中，"选择面"选择如图 5-102 所示图形区中的面，在"偏置"区域中，"距离"输入 1，单击"反向"图标，修改偏置方向，单击"应用"按钮，再单击"取消"按钮，完成面的偏置。

5.10.3　拉料杆设计

1. 在左侧装配导航器中取消其他组件的显示，图形区只显示动模、型芯和分流道等组件。

2. 在"注塑模向导"工具条的"主要"工具区域中单击"标准件库"图标，左侧弹出"重用库"导航器，"名称"选择"FUTABA_MM"下的"Ejector Pin"，"成员选择"选择左边的"Ejector Pin Straight"，弹出"标准件管理"对话框，如图 5-103 所示。

图 5-103　"标准件管理"对话框

3. 在"标准件管理"对话框的"详细信息"区域中，修改"CATALOG_DIA"的值为 8，修改"CATALOG_LENGTH"的值为 230，单击"确定"按钮，进入"点"对话框，为拉料杆指定位置。

4．在图形区中选择型芯上顶面的圆心位置，再单击"确定"按钮，再单击"取消"按钮，退出"点"对话框。

5．单击"取消"按钮，退出"标准件管理"对话框。

6．在"注塑模向导"工具条的"主要"工具区域中单击"标准件库"图标 ，弹出"标准件管理"对话框，在"标准件管理"对话框的"部件"区域中，单击"选择标准件"图标，在图形区中选择拉料杆，在"详细信息"区域中，修改"CATALOG_LENGTH"的值为221，单击"确定"按钮。

7．在左侧装配导航器中，选中创建的"ej_pin"（拉料杆），单击右键，弹出快速编辑菜单，选择"在窗口中打开"选项，在新窗口中打开拉料杆。

8．在"注塑模向导"工具条的"注塑模工具"工具区域中单击"包容体"图标 ，弹出"包容体"对话框，如图 5-104 所示。

9．"类型"选择"中心和长度" ，在"尺寸"区域中，输入 X、Y 的长度均为8，输入 Z 的长度为10，选择端面的象限点，单击"应用"按钮，再单击"取消"按钮，创建包容块。

10．在"主页"工具条的"特征"工具区域中单击"减去"图标 ，弹出"求差"对话框，"目标"选择拉料杆，"工具"选择包容块，在"设置"区域中取消勾选"保存目标"和"保存工具"选项，单击"应用"按钮，再单击"取消"按钮，完成求差。

11．在"主页"工具条的"特征"工具区域中单击"拔模"图标 ，弹出"拔模"对话框，如图 5-105 所示。

图 5-104　"包容体"对话框

图 5-105　"拔模"对话框

12．"脱模方向"选择-ZC，单击"选择固定分型面"图标，选择上顶面。

13．"要拔模的面"选择侧面，"角度"输入10。单击"确定"按钮，完成拔模。

14．在"主页"工具条的"特征"工具区域中单击"边倒圆"图标 ，弹出"边倒圆"对话框。

15. 在"边"区域中，"半径1"输入1，在图形区中选择侧面的2条边，单击"应用"按钮，再单击"取消"按钮，完成后的图形如图5-106所示。

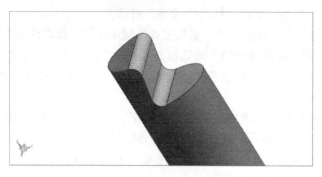

图 5-106 边倒圆

图 5-107 "孔"对话框

5.10.4 顶出孔设计

1. 在左侧装配导航器中勾选动模"movehalf"组件，图形区显示动模、型芯等组件。

2. 在图形区中选中动模座板，单击右键，弹出快速编辑菜单，选择"在窗口中打开"图标，在新窗口中打开动模座板。

3. 在"主页"工具条的"特征"工具区域中单击"孔"图标 ，弹出"孔"对话框，如图5-107所示。

4. 在"孔"对话框中，"类型"选择"常规孔"，"直径"设为35，"深度限制"选择"贯通体"，"布尔"运算选择"减去"，在"位置"区域中单击"指定点"图标，选择动模座板的中心位置。

5. 单击"应用"按钮，再单击"取消"按钮，完成孔的创建。

6. 在"主页"工具条的"特征"工具区域中单击"倒斜角"图标 ，弹出"倒斜角"对话框。

7. 在"倒斜角"对话框中，"距离"设为2，在"边"区域中单击"选择边"图标，选择动模座板孔的2条边。

8. 单击"应用"按钮，再单击"取消"按钮，完成创建孔的倒角。

5.11 本章小结

本章主要学习推件板注射模的设计方法，同学们除了要掌握推件板的设计方法，还需要掌握模具镶件的设计和编辑流程，以及复杂冷却通道的设计理念。

第六章　侧向分型模设计

侧向分型和抽芯机构可以用来成型塑料制品的外侧突起、凹槽和孔，以及壳体制品的内侧局部凸起、凹槽和不通孔。具有侧抽机构的注射模的活动零件多、动作复杂，在设计中要注意其机构的可靠性、灵活性和高效性。

教学目标：

1．掌握斜导柱滑块侧向分型和抽芯机构的设计方法。

2．掌握斜顶机构的设计和编辑方法。

3．能设计复杂内部孔的补片（曲面补片和修剪区域补片）。

6.1　初始化项目

1．在"注塑模向导"工具条中单击"初始化项目"图标 。

2．弹出"初始化项目"对话框，"路径"选择文件所在位置，单击"材料"右侧下拉小三角，选择"ABS"，"收缩"默认修改为 1.006，其余各项无须修改，单击"确定"按钮，完成项目的初始化，如图 6-1 所示。

此时，在装配导航器中已经导入了 Mold.V1 模板文件。

图 6-1　"初始化项目"对话框

6.2　模具坐标系

1. 单击"注塑模向导"工具条"主要"工具区域中的"模具坐标系"图标 ，弹出"模具坐标系"对话框。

图 6-2　选择底平面

2. 在"模具坐标系"对话框的"更改产品位置"区域中勾选"产品实体中心"选项，取消勾选"锁定 XYZ 位置"区域中的"锁定 X 位置"和"锁定 Y 位置"，单击"应用"按钮。

3. 在"模具坐标系"对话框中的"更改产品位置"区域中勾选"选定面的中心"，勾选"锁定 XYZ 位置"区域中的"锁定 X 位置"和"锁定 Y 位置"，选择塑件的底平面，如图 6-2 所示，单击"确定"按钮，完成模具坐标系的设计。

6.3　工件

1. 单击"注塑模向导"工具条的"主要"工具区域中的"工件"图标 ，弹出 "工件"对话框，"类型"选择"产品工件"，"尺寸"区域的"定义类型"选择"参考点"，*X*、*Y* 轴"负的"和"正的"数值为默认值，*Z* 轴"负的"和"正的"数值修改为 30、50，如图 6-3 所示。

2. 单击"确定"按钮，完成工件的设计。

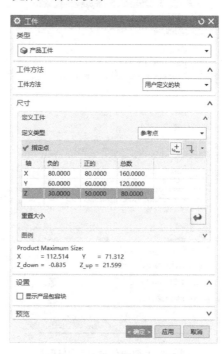

图 6-3　"工件"对话框

6.4　型腔布局

1. 在"注塑模向导"工具条的"主要"工具区域中单击"型腔布局"图标🗗，弹出"型腔布局"对话框，如图 6-4 所示。

2. 在"编辑布局"区域中单击"变换"图标🗗，弹出"变换"对话框。

3. 在"变换"对话框的"旋转"区域中，单击"指定枢纽点"图标⊹，弹出"点"对话框，设定输出坐标 X、Y、Z 的值为（0，0，0），单击"确定"按钮，返回"变换"对话框。

4. 在"旋转"区域中，输入"角度"的值为-90，单击"确定"按钮，退出"变换"对话框，返回"型腔布局"对话框。

5. 在"型腔布局"对话框的"编辑布局"区域中，单击"编辑插入腔"图标◈，进入"插入腔"对话框，如图 6-5 所示。

图 6-4　"型腔布局"对话框

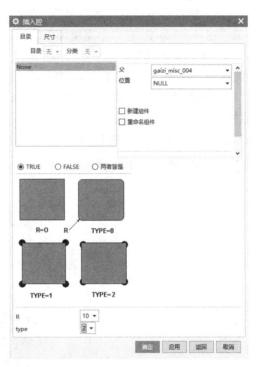

图 6-5　"插入腔"对话框

6. 在"插入腔"对话框的"目录"选项卡中，修改"R"（圆角）的值为 10，修改"type"的值为 2，单击"应用"按钮，再单击"取消"按钮，返回"型腔布局"对话框，单击"关闭"按钮，完成后的图形如图 6-6 所示。在装配导航器的"misc"组件下关闭插入腔零件"pocket"的显示。

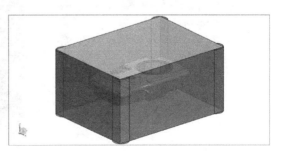

图 6-6　插入腔

6.5　分型设计

6.5.1　检查区域

1．在"注塑模向导"工具条中单击"分型刀具"工具区域中的"检查区域"图标，弹出"检查区域"对话框，在"计算"选项卡的"计算"区域中，勾选"全部重置"选项，单击"计算"图标进行计算。

2．计算完成，"计算"区域的颜色变灰。选择"面"选项卡，在"面"选项卡中，单击"设置所有面的颜色"图标，将各种样本指定的颜色应用到对应的面上，此时，可以查看面拔模角、底切面的数量。

3．选择"区域"选项卡，如图6-7所示。在"区域"选项卡中，单击"设置区域颜色"图标，显示颜色样本当前识别的型腔、型芯和未定义面的模型面颜色。取消勾选"设置"区域中的"内环""分型边""不完整环"选项。

4．在"未定义区域"区域中，勾选"交叉竖直面"选项，在"指派到区域"区域中，勾选"型腔区域"选项，单击"应用"按钮。

5．在"未定义区域"区域中，勾选"未知的面"选项，在"指派到区域"区域中，勾选"型腔区域"选项，单击"应用"按钮。

6．在"指派到区域"区域中，勾选"型芯区域"选项，在图形区中选择面，如图6-8所示。

图6-7　"检查区域"对话框

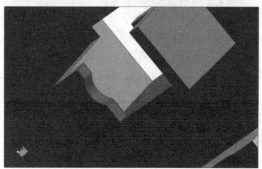

图6-8　在图形区中选择面

7. 选择"面"选项卡，单击"面拆分"图标，弹出"拆分面"对话框，如图6-9所示。

8. 在"拆分面"对话框中，"类型"选择"平面/面"，"要分割的面"选择方孔内的侧面。

9. 此时，"分割对象"区域略有改变，单击"添加基准平面"图标□，弹出"基准平面"对话框。

10. 在"基准平面"对话框中，"类型"选择"自动判断"，在图形区中选择方孔底面。

11. 单击"确定"按钮，退出"基准平面"对话框，返回"拆分面"对话框。在"拆分面"对话框中，"类型"选择"平面/面"，"要分割的面"选择方孔的下侧面。

12. 在"分割对象"中单击"添加基准平面"图标□，弹出"基准平面"对话框。

13. 在"基准平面"对话框中，"类型"选择"自动判断"，在图形区中选择方孔内的小侧面。

14. 单击"应用"按钮，再单击"取消"按钮，退出"拆分面"对话框。

图6-9　"拆分面"对话框

15. 选择"检查区域"对话框中的"区域"选项卡，在"指派到区域"区域中，勾选"型芯区域"选项，选择方孔内的下侧面，单击"应用"按钮。

16. 选择"区域"选项卡，在"指派到区域"区域中，勾选"型腔区域"选项，选择如图6-10所示的方孔内的上侧面，单击"应用"按钮。

17. 选择"区域"选项卡，在"指派到区域"区域中，勾选"型腔区域"选项，选择如图6-11所示的面，单击"应用"按钮。

18. 单击"确定"按钮，完成区域面的指派。

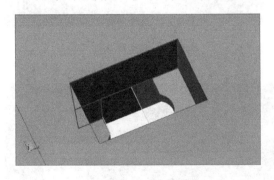

图6-10　选择面

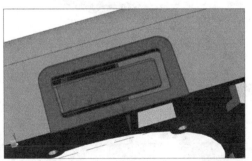

图6-11　选择面

6.5.2　曲面补片

1. 单击"分型刀具"工具区域中的"曲面补片"图标，弹出"边补片"对话框，"类型"选择"体"，在图形区中选择塑件体，系统将自动找到塑件内部的开口部位，有89个对象，单击"应用"按钮，再单击"取消"按钮，如图6-12所示。

图 6-12 "边补片"对话框

2．弹出"边补片"警告信息框，告知未能修补所有环，单击"确定"按钮，返回"边补片"对话框。

3．在图形区中将高亮显示未能修补的环，如图 6-13 所示。

注：因计算机的配置不同，在进行此步骤时可能产生不同情况。

4．在"边补片"对话框的"环列表"区域中，选择"环2"，单击"选择参考面"图标，选择如图 6-14 所示的面为参考面，单击"应用"按钮，生成此环的曲面补片。

5．在"边补片"对话框的"环列表"区域中，选择"环1"，单击"选择参考面"图标，选择如图 6-15 所示的面为参考面，单击"应用"按钮，生成此环的曲面补片。单击"取消"按钮，退出"边补片"对话框。

6．查看图形，发现有补面不符合要求（可能情况不同，但处理方式类似），选择不符合要求的面，单击右键，弹出快捷菜单，单击"删除"按钮，如图 6-16 所示，弹出"通知"对话框，单击"确定"按钮，删除不符合要求的面。

图 6-13 未能修补的环

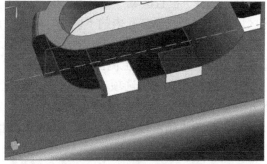

图 6-14 选择参考面

图 6-15 选择参考面

图 6-16 删除面

7．单击"分型刀具"工具区域中的"曲面补片"图标，弹出"边补片"对话框，"类型"选择"体"，在图形区中选择塑件体，系统将自动找到塑件内部的未修补开口部位，有 2 个封闭环，如图 6-17 所示。

8．在"边补片"对话框的"环列表"区域中，选择"环 2"，单击"选择参考面"图标 和"切换面侧"图标 ✕，再单击"应用"按钮，生成此环的曲面补片，如图 6-18 所示。

9．单击"取消"按钮，退出"边补片"对话框。

图 6-17　"边补片"对话框

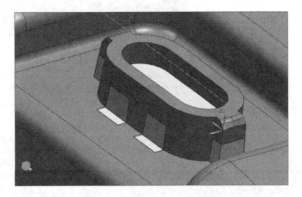

图 6-18　环 2 的曲面补片

6.5.3　产品修补

一、内孔修补

1．单击"注塑模向导"工具条的"注塑模工具"工具区域的"包容体"图标，弹出"包容体"对话框。

2．选择"类型"为"块"，在"参数"区域中，修改"偏置"为 1，选择如图 6-19 所示的对象面，单击"应用"按钮，再单击"取消"按钮，创建如图 6-20 所示的包容块。

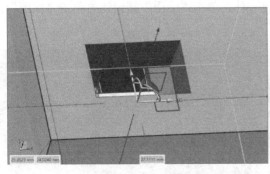

图 6-19　选择对象面

图 6-20　包容块

3．单击"主页"工具条"同步建模"工具区域中的"替换面"图标，弹出"替换面"对话框，替换创建的包容块的 6 个面，替换后的图形如图 6-21 所示。

4．单击"注塑模向导"工具条的"注塑模工具"工具区域的"包容体"图标，弹出"包容休"对话框。

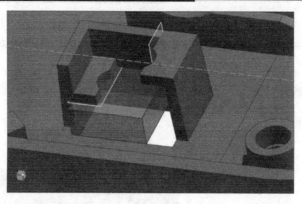

图 6-21　替换后的图形

5．选择"类型"为"块"，在"参数"区域中，修改"偏置"为 1，选择如图 6-22 所示的对象面，单击"应用"按钮，再单击"取消"按钮，创建如图 6-23 所示的包容块。

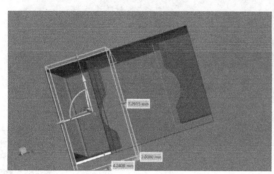

图 6-22　选择对象面　　　　　　　　　　　图 6-23　包容块

6．单击"主页"工具条的"同步建模"工具区域的"替换面"图标，弹出"替换面"对话框，替换创建的包容块的 6 个面，替换后的图形如图 6-24 所示。

7．在"主页"工具条的"特征"工具区域中单击"合并"图标，弹出"合并"对话框，"目标"和"工具"选择以上创建的 2 个包容体，单击"应用"按钮，再单击"取消"按钮，合并后的图形如图 6-25 所示。

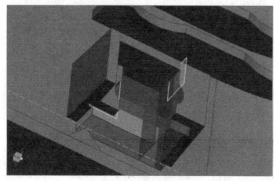

图 6-24　替换后的图形　　　　　　　　　　图 6-25　合并后的图形

8．单击"注塑模向导"工具条的"注塑模工具"工具区域的"修剪区域补片"图标，弹出"修剪区域补片"对话框，如图 6-26 所示。

9．"目标"选择合并体，"边界"区域的"类型"选择"遍历" ，勾选"按面的颜色遍历"选项，选择塑件与合并体边界的任意一条边，系统将自动选择其余封闭轮廓的边，如图 6-27 所示。

图 6-26　"修剪区域补片"对话框

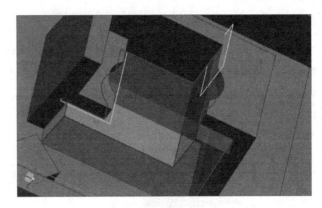

图 6-27　选择边

10．在"区域"区域中，选择如图 6-28 所示的区域为"保留"区域，单击"应用"按钮，再单击"取消"按钮，创建如图 6-29 所示的修补面。

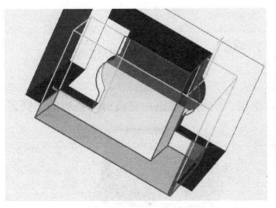

图 6-28　"保留"区域

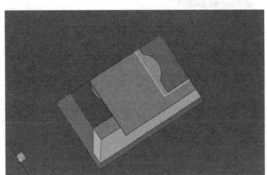

图 6-29　修补面

二、缺口修补

1．单击"注塑模向导"工具条的"注塑模工具"工具区域的"包容体"图标 ，弹出"包容体"对话框。

2．选择"类型"为"块" ，在"参数"区域中，修改"偏置"为 1，选择如图 6-30 的对象面，单击"应用"按钮，再单击"取消"按钮，创建如图 6-31 所示的包容块。

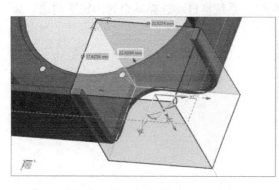

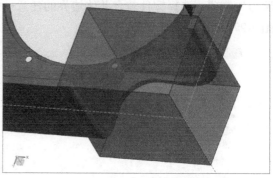

图 6-30　选择对象面　　　　　　　　　图 6-31　包容块

3．单击"主页"工具条的"同步建模"工具区域中的"替换面"图标，弹出"替换面"对话框，替换创建的包容块的 6 个面，替换后的图形如图 6-32 所示。

4．单击"注塑模向导"工具条的"注塑模工具"工具区域的"参考圆角"图标，弹出"参考圆角"对话框，如图 6-33 所示。

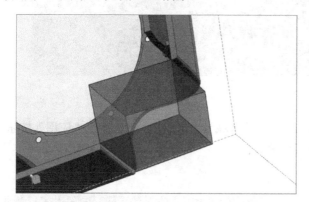

图 6-32　替换后的图形　　　　　　　　　图 6-33　"参考圆角"对话框

5．选择如图 6-34 所示的圆弧面为参考面。

6．选择如图 6-35 所示的边为要倒圆的边，单击"应用"按钮，完成第一条边的倒圆。

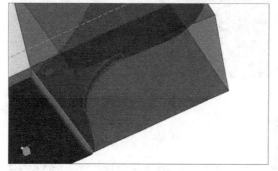

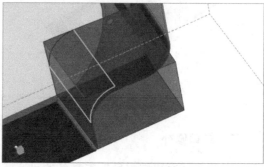

图 6-34　参考面　　　　　　　　　图 6-35　要倒圆的边

7. 采用同样的方法将其余 2 条边进行倒圆，倒圆完成的图形如图 6-36 所示。单击"取消"按钮，退出"参考圆角"对话框。

8. 单击"注塑模向导"工具条的"注塑模工具"工具区域中的"修剪区域补片"图标 ◆，弹出"修剪区域补片"对话框，如图 6-37 所示。

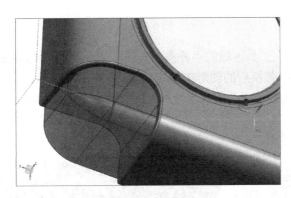

图 6-36　倒圆完成的图形　　　　　　　　图 6-37　"修剪区域补片"对话框

9. "目标"选择合并体，"边界"区域的"类型"选择"体/曲线" ◆，选择塑件与合并体边界的相交边，如图 6-38 所示。

10. 在"区域"区域中，选择外侧面为"保留"区域，单击"应用"按钮，再单击"取消"按钮，创建如图 6-39 所示的修补面。

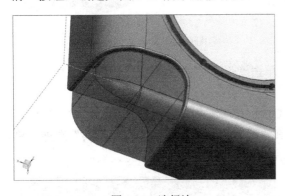

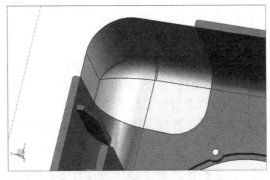

图 6-38　选择边　　　　　　　　　　　　　图 6-39　修补面

三、凹陷修补

1. 单击"注塑模向导"工具条的"注塑模工具"工具区域的"包容体"图标 ▣，弹出"包容体"对话框。

2. 选择"类型"为"块" ▣，在"参数"区域中，修改"偏置"为 1，选择如图 6-40 所示的对象面，单击"应用"按钮，再单击"取消"按钮，创建如图 6-41 所示的包容块。

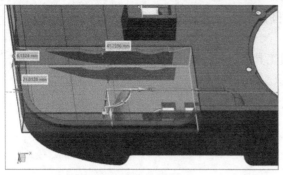

图 6-40　选择对象面

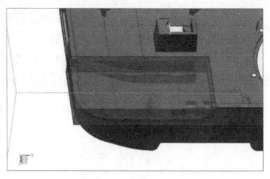

图 6-41　包容块

3．单击"主页"工具条的"同步建模"工具区域的"替换面"图标，弹出"替换面"对话框，替换创建的包容块外侧的 3 个面，替换后的图形如图 6-42 所示。

4．单击"注塑模向导"工具条的"注塑模工具"工具区域的"参考圆角"图标，弹出"参考圆角"对话框。

5．选择如图 6-43 所示的圆弧面为参考面。

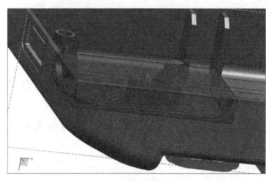

图 6-42　替换面

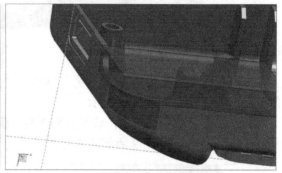

图 6-43　参考面

6．选择如图 6-44 所示的边为要倒圆的边，单击"应用"按钮，完成边的倒圆。单击"取消"按钮，退出"参考圆角"对话框。

7．在"主页"工具条的"特征"工具区域中单击"减去"图标，弹出"求差"对话框，"目标"选择包容体，"工具"选择塑件，在"设置"区域中勾选"保存工具"选项，单击"应用"按钮，再单击"取消"按钮，求差后的图形如图 6-45 所示。

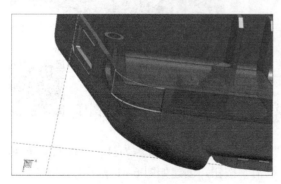

图 6-44　要倒圆的边

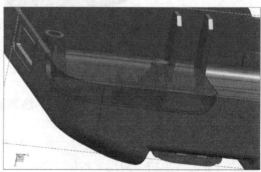

图 6-45　求差后的图形

8. 在"注塑模向导"工具条的"注塑模工具"工具区域中单击"延伸实体"图标 ，
弹出"延伸实体"对话框，如图6-46所示。

9. 选择如图6-47所示的面为延伸对象，输入"偏置值"为5，单击"应用"按钮，完成
后的图形如图6-48所示。

图6-46 "延伸实体"对话框

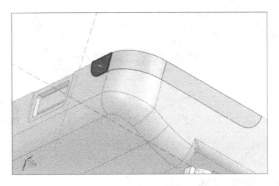

图6-47 选择对象

10. 选择如图6-49所示的面为延伸对象，输入"偏置值"为5，单击"应用"按钮，完
成后的图形如图6-50所示。

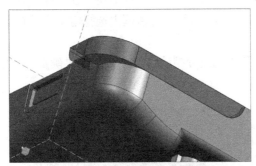

图6-48 完成后的图形

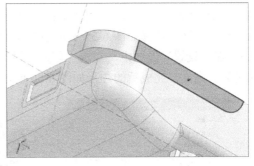

图6-49 选择对象

11. 单击"注塑模向导"工具条的"注塑模工具"工具区域的"修剪区域补片"图标 ，
弹出"修剪区域补片"对话框，如图6-35所示。

12. "目标"选择包容体，"边界类型"选择"体/曲线" ，选择塑件与包容体边界的相
交边，如图6-51所示。

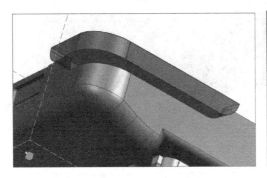

图6-50 完成后的图形

图6-51 选择边

13．在"区域"区域中，选择如图 6-52 所示的外侧面为"保留"区域，单击"应用"按钮，再单击"取消"按钮，创建如图 6-53 所示的修补面。

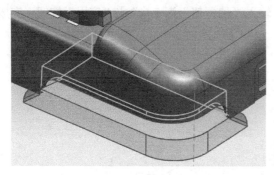

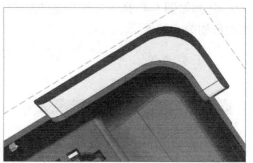

图 6-52　保留区域　　　　　　　　　　　　图 6-53　修补面

6.5.4　定义区域

1．在"分型刀具"工具区域中单击"定义区域"图标，出现"定义区域"对话框，如图 6-54 所示。

2．在"定义区域"区域中，双击"新区域"，输入新区域的名称滑块，在"面属性"区域中，单击"颜色"图标，弹出"颜色"对话框，在"颜色"对话框中选择滑块面的自定义颜色，在图形区中选择如图 6-55 所示的侧面。

3．在"设置"区域中，勾选"创建区域"和"创建分型线"选项，单击"确定"按钮，完成区域的定义，完成后的图形如图 6-56 所示。

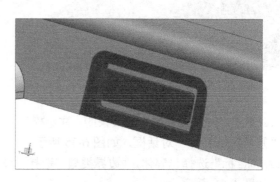

图 6-55　选择面

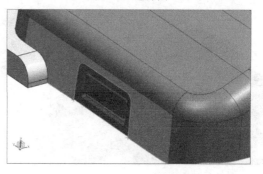

图 6-54　"定义区域"对话框　　　　　　图 6-56　完成后的图形

6.5.5　设计分型面

一、设计分型面

1．在"分型刀具"工具区域中，单击"设计分型面"图标 ，弹出"设计分型面"对话框，如图 6-57 所示。

2．在"设计分型面"对话框的"编辑分型线"区域中，单击"选择分型线"图标 ∫ ，在图形区中选择如图 6-58 所示的 2 个补片区域的轮廓线添加到分型线中，单击"应用"按钮。

3．此时，"设计分型面"对话框的"编辑分型段"区域略有改变，单击该区域的"选择过渡曲线"图标，在图形区中选择如图 6-59 所示的 4 条曲线为过渡曲线，单击"应用"按钮。

注：在创建分型面的过程中因计算机的不同，操作顺序可能有所改变，请注意分辨。

4．创建段 1 的分型面。在"设计分型面"对话框的"创建分型面"区域中，"方法"选择"拉伸" ，"拉伸方向"修改为-XC，段 1 的分型面如图 6-60 所示，单击"应用"按钮。

5．创建段 2 的分型面。在"设计分型面"对话框的"创建分型面"区域中，"方法"选择"拉伸" ，"拉伸方向"修改为-XC，段 2 的分型面如图 6-61 所示，单击"应用"按钮。

6．创建段 3 的分型面。在"设计分型面"对话框的"创建分型面"区域中，"方法"选择"拉伸" ，"拉伸方向"

图 6-57　"设计分型面"对话框

修改为-XC，段 3 的分型面如图 6-62 所示，单击"应用"按钮。

7．创建段 4 的分型面。在"设计分型面"对话框的"创建分型面"区域中，"方法"选择"拉伸" ，"拉伸方向"修改为-YC，段 4 的分型面如图 6-63 所示，单击"应用"按钮。

8．过渡圆弧部位将自动生成过渡分型面，如图 6-64 所示。

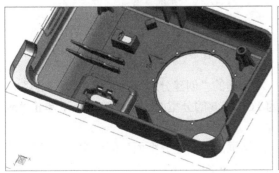

图 6-58　选择分型线

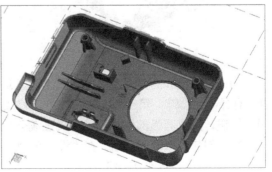

图 6-59　选择过渡曲线

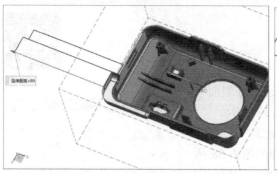

图 6-60　段 1 的分型面

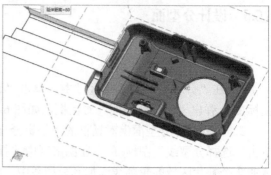

图 6-61　段 2 的分型面

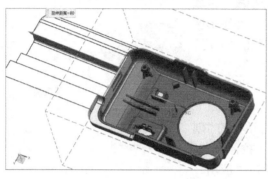

图 6-62　段 3 的分型面

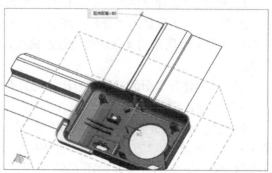

图 6-63　段 4 的分型面

9．创建段 5 的分型面。在"设计分型面"对话框的"创建分型面"区域中，"方法"选择"拉伸" 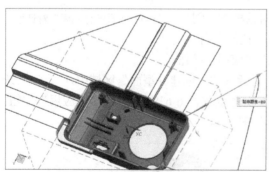，"拉伸方向"修改为 XC，段 5 的分型面如图 6-65 所示，单击"应用"按钮，过渡圆弧部位自动生成过渡分型面。

图 6-64　过渡分型面

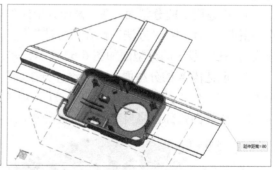

图 6-65　段 5 的分型面

10．创建段 6 的分型面。在"设计分型面"对话框的"创建分型面"区域中，"方法"选择"有界平面" ，第一方向和第二方向修改为 YC，段 6 的分型面如图 6-66 所示，单击"应用"按钮，过渡圆弧部位将自动生成过渡分型面。

11．创建段 7 的分型面。在"设计分型面"对话框的"创建分型面"区域中，"方法"选择"拉伸" ，"拉伸方向"修改为-XC，段 7 的分型面如图 6-67 所示，单击"应用"按钮。

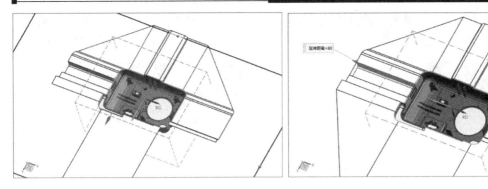

图 6-66 段 6 的分型面　　　　　　　　　　　图 6-67 段 7 的分型面

12．单击"取消"按钮，退出"设计分型面"对话框，完成分型面设计。完成的分型面如图 6-68 所示。

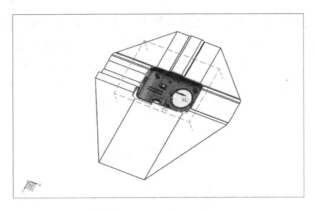

图 6-68 完成的分型面

二、编辑分型面

1．查看分型面，发现有如图 6-69 所示的重叠面。

2．选择面，单击右键，弹出快捷菜单，单击"删除"按钮 ✕，如图 6-70 所示。

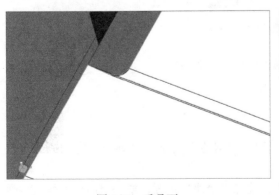

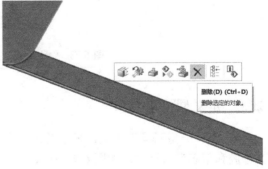

图 6-69 重叠面　　　　　　　　　　　　图 6-70 选择面

3．弹出"通知"对话框，单击"确定"按钮，删除不符合要求的面。

4．以同样的方法删除其余 2 个重叠面，删除重叠面后的图形如图 6-71 所示。

5．在"曲线"工具条的"曲线"工具区域中，单击"直线"图标 ✐，弹出"直线"对话框，选择邻近分型面的外端点，如图 6-72 所示。单击"确定"按钮，完成直线的创建。

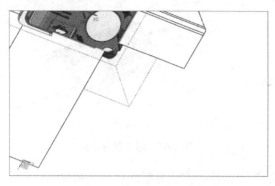

图 6-71　删除重叠面后的图形

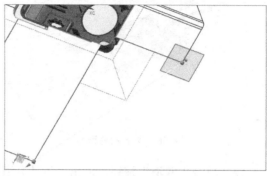

图 6-72　直线

6．在"曲面"工具条的"曲面"工具区域中，单击"有界平面"图标 ⌂，弹出"有界平面"对话框，选择封闭轮廓线，单击"确定"按钮，完成平面的创建。

7．在"注塑模向导"工具条的"分型刀具"工具区域中单击"编辑分型面和曲面补片"图标 ◀，弹出"编辑分型面和曲面补片"对话框，如图 6-73 所示。

8．"类型"选择"分型面"，在图形区中选中创建的有界平面，单击"确定"按钮，完成分型面的添加。

图 6-73　"编辑分型面和曲面补片"对话框

6.5.6　定义型腔和型芯

1．在"分型刀具"工具区域中单击"定义型腔和型芯"图标 ◨，弹出"定义型腔和型芯"对话框，如图 6-74 所示。

2．在"选择片体"区域的"区域名称"中，选择"滑块"选项，单击"应用"按钮。弹出"查看分型结果"对话框，确认方向是否正确，如果有误，可以单击"法向反向"按钮后单击"确定"按钮，完成滑块的定义，侧型芯如图 6-75 所示。

3. 在"选择片体"区域的"区域名称"中，选择"型芯区域"，选中如图 6-76 所示的漏选的面后，单击"应用"按钮，弹出"查看分型结果"对话框，确认方向是否正确，如果有误，可以单击"法向反向"按钮后单击"确定"按钮，完成型芯的定义，如图 6-77 所示。

图 6-74　定义型腔和型芯对话框

图 6-75　侧型芯

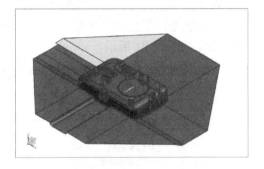

图 6-76　漏选的面

4. 在"选择片体"区域的"区域名称"中，选择"型腔区域"，选中如图 6-78 所示的漏选的面后，单击"应用"按钮，弹出"查看分型结果"对话框，确认方向正确，如果有误，可以单击"法向反向"按钮后单击"确定"按钮，完成型腔的定义，型腔如图 6-79 所示。单击"取消"按钮，退出"定义型腔和型芯"对话框。

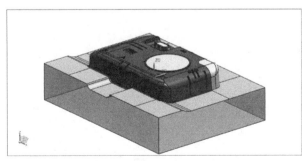

图 6-77　型芯

图 6-78　漏选的面

5. 在装配导航器中选中"parting"，单击右键后出现快速编辑菜单，选择"在窗口中打开父项"选项，选择"top"，图形区显示完成分型后的模型，装配导航器显示完整的模型目录，如图 6-80 所示。

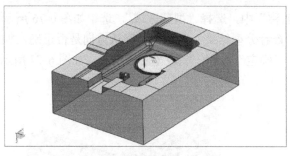

图 6-79　型腔　　　　　　　　图 6-80　装配导航器

6.6　模架库

1．在"注塑模向导"工具条的"主要"工具区域中单击"模架库"图标▤，左侧弹出"重用库"导航器，模架的"名称"选择"LKM_SG"，"成员选择"选择"C"，弹出"模架库"对话框，如图 6-81 所示。

图 6-81　"模架库"对话框

2．在"模架库"对话框的"详细信息"区域中按表 6-1 修改参数值后，单击"确定"按钮，系统完成模架的导入，关闭弹出的属性不匹配的信息提示窗口，图形区将显示装入的模架。

表 6-1　修改模架参数值表

名　　称	值
Index	1830
Mold_type	230:I
fix_open	1
EJB_open	−5

6.7　浇注系统设计

6.7.1　定位圈设计

1. 在"注塑模向导"工具条的"主要"工具区域中单击"标准件库"图标，左侧弹出"重用库"导航器，"名称"选择"FUTABA_MM"下的"Locating Ring Interchangeable"，"成员选择"选择右边的"Locating Ring"，弹出"标准件管理"对话框，如图 6-82 所示。

图 6-82　"标准件管理"对话框

2. 单击"确定"按钮，导入定位圈，关闭属性不匹配的信息提示窗口。在图形区中查看导入的定位圈，发现固定螺钉的位置不合理。

3. 修改定位圈固定螺钉的中心距尺寸。单击"标准件库"图标，弹出"标准件管理"

对话框，在"部件"区域中单击"选择标准件"图标 ⊕，在图形区中选择导入的定位圈，在"详细信息"区域中，修改"BOLT_CIRCLE"的值为 80。

4. 单击"确定"按钮，完成定位圈的设计，如图 6-83 所示。

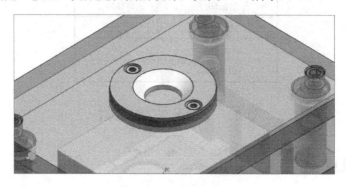

图 6-83　定位圈

6.7.2　浇口套设计

1. 在"注塑模向导"工具条的"主要"工具区域中单击"标准件库"图标 ，在左侧"重用库"导航器的"名称"中选择"FUTABA_MM"下的"Sprue Bushing"，"成员选择"选择右边的"Sprue Bushing"，弹出"标准件管理"对话框，如图 6-84 所示。

图 6-84　"标准件管理"对话框

2. 修改"O"的值为"3:C"，单击"确定"按钮，完成浇口套的调入。

3. 在装配导航器中，取消其他模具零件的显示，仅显示定模、型腔和浇口套等零件。

6.7.3　重定位浇口套

1．在装配导航器中取消定模的显示，显示型腔和浇口套等零件。

2．在"曲线"工具条的"曲线"工具区域中单击"直线"图标 ＼，弹出"直线"对话框，分别选择浇口套小端圆心和塑件大圆孔圆心作为直线的端点，单击"确定"按钮，完成直线的创建。

3．单击"标准件库"图标 ，弹出"标准件管理"对话框，在"部件"区域中单击"选择标准件"图标，在图形区中选择浇口套，在"部件"区域中单击"重定位"图标 ，弹出"移动组件"对话框。

4．在"变换"区域中，"运动"选择"将轴与矢量对齐"，"指定起始矢量"在图形区中选择浇口套，"指定终止矢量"在图形区中选择直线，"指定枢纽点"在图形区中选择浇口套小端位置的直线端点，参考点如图 6-85 所示。

5．单击"应用"按钮，再单击"取消"按钮，返回"标准件管理"对话框，完成的图形如图 6-86 所示。单击"取消"按钮，退出"标准件管理"对话框。

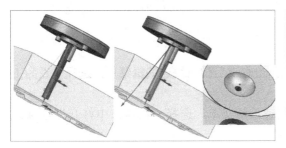

图 6-85　参考点　　　　　　　　　　　图 6-86　浇口套

6．在装配导航器中，选中浇口套零件 "sprue"，单击右键后弹出快速编辑菜单，选择"设为工作部件"选项。

7．在"主页"工具条的"特征"工具区域中单击"修剪体"图标 ，弹出"修剪体"对话框，如图 6-87 所示。

8．在"修剪体"对话框中，"目标"选择浇口套，在"工具"区域中，"指定平面"选择如图 6-88 所示的型腔内顶面。

9．单击"应用"按钮，再单击"取消"按钮，退出"修剪体"对话框，修剪后的浇口套如图 6-89 所示。

10．在装配导航器中添加显示定模，显示定模、型腔和浇口套等零件，如图 6-90 所示。

11．在"主页"工具条的"特征"工具区域中单击"修剪体"图标 ，弹出"修剪体"对话框。在"修剪体"对话框中，"目标"选择浇口套，在"工具"区域中，"指定平面"选择定模座板的上平面。单击"应用"按钮，再单击"取消"按钮，退出"修剪体"对话框，修剪后的浇口套如图 6-91 所示。

图 6-87　"修剪体"对话框

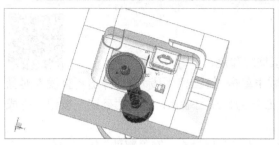

图 6-88　选择面　　　　　　　　　　图 6-89　修剪后的浇口套

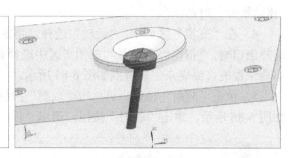

图 6-90　添加显示定模　　　　　　　图 6-91　修剪后的浇口套

12．在装配导航器中，单击"top"组件，单击右键后弹出快速编辑菜单，选择"设为工作部件"选项。

13．单击浇口套组件，单击右键后弹出快速编辑菜单，选择"在窗口中打开"选项。图形区显示浇口套，如图 6-92 所示。

14．单击"主页"工具条的"同步建模"工具区域的"替换面"图标，弹出"替换面"对话框，替换浇口套大端的面，替换后的图形如图 6-93 所示。

图 6-92　浇口套　　　　　　　　　　图 6-93　替换后的图形

6.7.4　分流道和浇口设计

一、分流道设计

1．在装配导航器中取消定模板的显示。

2．在"注塑模向导"工具条的"主要"工具区域中单击"设计填充"图标，在左侧"重用库"导航器的"成员选择"中，选择"Runner[2]"，弹出"设计填充"对话框，如图 6-94 所示。

3．在"设计填充"对话框的"详细信息"区域中，修改"D"的值为6，修改"L"的值为20。单击"放置"区域的"指定点"图标![],弹出"点"对话框，"类型"选择"自动判断的点"![],选择型腔内顶面圆心，单击"确定"按钮，退出"点"对话框。

4．在"设计填充"对话框中，单击"放置"区域"指定方位"图标![],在图形区中选择 XC 和 YC 轴间圆弧上的点，输入角度值90，按下回车键后，分流道旋转90°。

5．在"设计填充"对话框中，单击"放置"区域"指定方位"图标![],在图形区中选择 XC 轴，输入距离5，按下回车键后，分流道移动5。

6．单击"确定"按钮，完成分流道的设计。完成的分流道如图 6-95 所示。

图 6-94　"设计填充"对话框

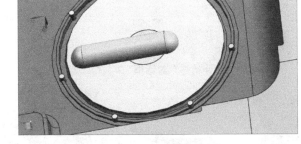

图 6-95　完成的分流道

二、浇口设计

1．在"注塑模向导"工具条的"主要"工具区域中单击"设计填充"图标![],在左侧"重用库"导航器的"成员选择"中，选择"Gate[side]"，弹出"设计填充"对话框，如图 6-96 所示。

2．在"设计填充"对话框的"详细信息"区域中，修改"D"的值为6，修改"L1"的值为5。在"放置"区域中单击"选择对象"图标![],在图形区中选择分流道，单击"确定"按钮，退出"设计填充"对话框。完成的浇口如图 6-97 所示。

3．在装配导航器中，单击"fill"组件下的"side gate"零件，单击右键弹出快速编辑菜单，选择"解包"选项，如图 6-98 所示。

4．在装配导航器中，浇口零件已经被解包，选择其中较短的"side gate"浇口，图形区如图 6-99 所示。

5．单击右键弹出快速编辑菜单，选择"删除"选项，弹出"删除"对话框，单击"确定"按钮，删除一个浇口后的图形如图 6-100 所示。

图 6-96 "设计填充"对话框

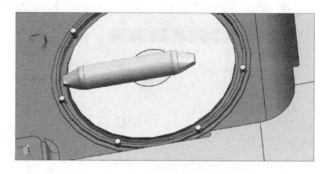

图 6-97 完成的浇口

图 6-98 解包

图 6-99 选择浇口

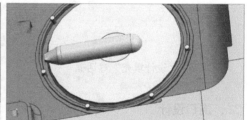

图 6-100 删除一个浇口后的图形

6.8 侧向分型和抽芯机构设计

6.8.1 滑块设计

1．在装配导航器中关闭其他组件，显示动模、型芯和滑块。

2．在图形区中双击坐标系，拖动坐标系原点至滑块外侧底部中点处。

3．双击坐标系 *YC* 轴，*YC* 轴换向。

4．双击坐标系 *ZC* 轴，*ZC* 轴换向，坐标系定位如图 6-101 所示。

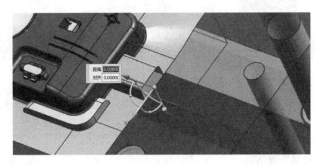

图 6-101　坐标系定位

5．在"注塑模向导"工具条的"主要"工具区域中，单击"滑块和浮升销库"图标 ，在左侧"重用库"导航器中，"名称"选择"Slide"，"成员选择"选择"Single Cam-pin"，如图 6-102 所示，弹出"滑块和浮升销设计"对话框和"信息"对话框，如图 6-103 和图 6-104 所示。

6．单击"应用"按钮，再单击"取消"按钮，退出"滑块和浮升销设计"对话框。完成的滑块如图 6-105 所示。

图 6-102　"重用库"导航器

图 6-103　"滑块和浮升销设计"对话框

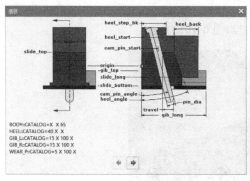

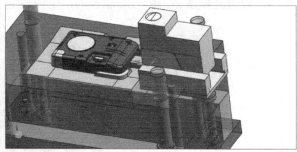

图 6-104 "信息"对话框   图 6-105   完成的滑块

6.8.2 编辑滑块

1. 在装配导航器中添加显示定模，显示定模、动模、型芯和滑块。

2. 在"注塑模向导"工具条的"主要"工具区域中单击"滑块和浮升销库"图标 ，弹出"滑块和浮升销设计"对话框，在对话框的"部件"区域中，单击"选择标准件"图标，在图形区中选择创建的滑块组件。

3. 在"详细信息"区域中，按表 6-2 中的参数值修改参数。

表 6-2 滑块参数修改表

名 称	值
travle	5
cam_pin_shart	20
gib_long	70
gib_top	slide_top-20.25
gib_wide	20
heel_angle	18
heel_back	30
heel_ht_1	60
heel_shart	40
heel_tip_lvl	slide_top-20
slide_bottom	slide_top-30
slide-top	AP_off+AP_h-heel_ht_1

4. 单击"应用"按钮，再单击"取消"按钮，退出"滑块和浮升销设计"对话框，完成滑块的参数修改。完成的图形如图 6-106 所示。

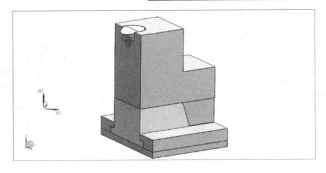

图 6-106　滑块抽芯机构

6.8.3　斜顶设计

1．在装配导航器中，关闭其他组件，显示型芯和滑块。

2．单击"菜单"—"格式"—"WCS"—"定向"图标
，弹出"坐标系"对话框，如图 6-107 所示。

3．在"类型"区域中选择"X 轴，Y 轴，原点"，"原点"选择如图 6-108 所示位置轮廓线的中点。

4．在"X 轴"区域中，单击"指定矢量"图标，在图形区中选择如图 6-109 所示位置的轮廓线。

5．在"Y 轴"区域中，单击"指定矢量"图标，在图形区中选择如图 6-110 所示位置的轮廓线。

6．单击"应用"按钮，再单击"取消"按钮，退出"坐标系"对话框。

7．在图形区中双击坐标系的 ZC 轴，ZC 轴换向，双击

图 6-107　"坐标系"对话框

坐标系的 YC 轴，YC 轴换向，双击坐标系的 ZC 轴，ZC 轴换向，换向后的坐标系如图 6-111 所示。

图 6-108　选择原点

图 6-109　选择 X 轴

8．在"注塑模向导"工具条的"主要"工具区域中单击"滑块和浮升销库"图标，在左侧"重用库"导航器中，"名称"选择"Lifter"，"成员选择"选择"Dowel Lifter"，如图 6-112 所示，弹出"滑块和浮升销设计"对话框和"信息"对话框，如图 6-113 和图 6-114 所示。

9．单击"应用"按钮，再单击"取消"按钮，退出"滑块和浮升销设计"对话框。完成的斜顶如图 6-115 所示。

图 6-110　选择 Y 轴

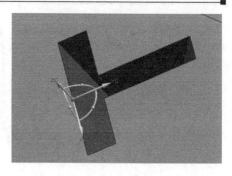

图 6-111　坐标系

图 6-112　"重用库"导航器

图 6-113　"滑块和浮升销设计"对话框

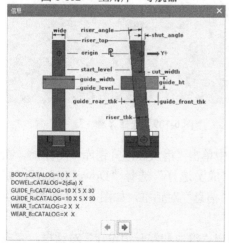

```
BODY::CATALOG=10 X  X
DOWEL::CATALOG=2(dia) X
GUIDE_F::CATALOG=10 X 5 X 30
GUIDE_R::CATALOG=10 X 5 X 30
WEAR_T::CATALOG=2 X  X
WEAR_B::CATALOG=X  X
```

图 6-114　"信息"对话框

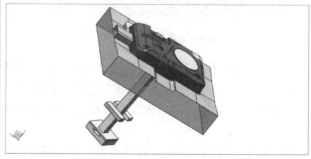

图 6-115　完成的斜顶

6.8.4 编辑斜顶

1. 在"注塑模向导"工具条的"主要"工具区域中单击"滑块和浮升销库"图标█，弹出"滑块和浮升销设计"对话框，在"滑块和浮升销设计"对话框的"部件"区域中，单击"选择标准件"图标，在图形区中选择创建的斜顶组件。

2. 在"详细信息"区域中，按表 6-3 中的参数值修改参数。

表 6-3 斜顶参数

名　　称	值
cut_width	1
riser_top	20
wide	5.03

3. 单击"应用"按钮，再单击"取消"按钮，退出"滑块和浮升销设计"对话框，完成斜顶组件参数的修改。完成的图形如图 6-116 所示。

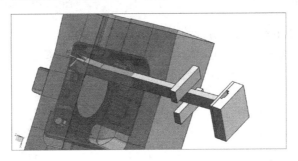

图 6-116　斜顶

6.8.5 斜顶头部修剪

1. 在"注塑模向导"工具条的"注塑模工具"工具区域中单击"修边模具组件"图标█，弹出"修边模具组件"对话框，如图 6-117 所示。

2. 单击图形区的斜顶本体，确认修边曲面为"CORE_TRIM_SHEET"（型芯分型面组），单击"应用"按钮，再单击"取消"按钮，完成的图形如图 6-118 所示。

图 6-117　"修边模具组件"对话框

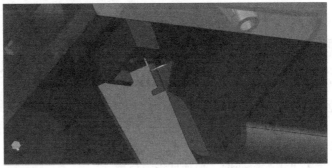

图 6-118　修剪斜顶

3．在图形区中选择斜顶本体，单击右键，弹出快速编辑菜单，选择"在窗口中打开"图标，打开后的斜顶图形如图 6-119 所示。

4．单击"应用模块"工具条中的"建模"图标，进入建模模式。

5．单击"主页"工具条"同步建模"工具区域中的"替换面"图标 📦，弹出"替换面"对话框。

6．"原始面"选择如图 6-120 所示的外侧面。

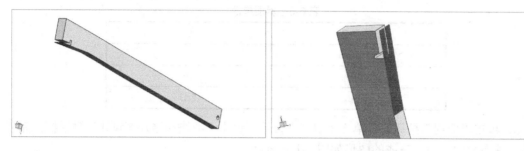

图 6-119　斜顶　　　　　　　　　　　　　　　图 6-120　原始面

7．"替换面"选择如图 6-121 所示的内侧面。

8．单击"应用"按钮，再单击"取消"按钮，完成面的替换，完成的斜顶如图 6-122 所示。

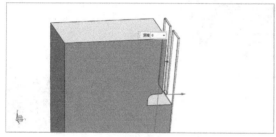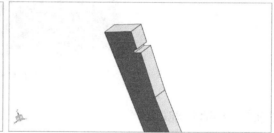

图 6-121　替换面　　　　　　　　　　　　　　图 6-122　斜顶

6.9　推出机构设计

6.9.1　推杆设计

1．单击左侧装配导航器，勾选显示"movehalf"部件，图形区显示型芯和动模组件，其余部件不可见，如图 6-123 所示。

2．在"注塑模向导"工具条的"主要"工具区域中单击"标准件库"图标 🔧，左侧弹出"重用库"导航器，"名称"选择"FUTABA_MM"下的"Ejector Pin"，"成员选择"选择左边的"Ejector Pin Straight"，弹出"标准件管理"对话框，如图 6-124 所示。

3．在"标准件管理"对话框的"详细信息"区域中，修改"CATALOG_DIA"的值为 6，修改"CATALOG_LENGTH"的值为 150，修改"HEAD_TYPE"的值为 3，单击"应用"按钮，进入"点"对话框，为顶杆指定位置。

图 6-123　型芯和动模组件

图 6-124　"标准件管理"对话框

4．调整视图为俯视图方向，输入 XC、YC 的坐标为（30，-25），单击"确定"按钮，生成第一个推杆。

5．依次输入 XC、YC 的坐标为（14，-45）、（-5，-45）、（-6，37）、（12，37）、（25，47），依次单击"确定"按钮，完成其余的 5 个推杆。单击"取消"按钮，返回"标准件管理"对话框。

6．在"标准件管理"对话框的"部件"区域中，勾选"新建组件"选项，在"详细信息"区域中，修改"CATALOG_DIA"的值为 4，操作完成后推杆如图 6-125 所示。单击"应用"按钮，进入"点"对话框，为顶杆指定位置。

7. 调整视图为俯视图方向，依次输入 XC、YC 的坐标为（18，8）、（30，26）、（18，26）、（30，8）、（−3，20），依次单击"确定"按钮。单击"取消"按钮，返回"标准件管理"对话框。

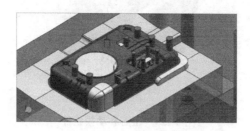

图 6-125　推杆

6.9.2　推管设计

1. 在装配导航器中取消推杆固定板"e_plate"的显示。

2. 在"注塑模向导"工具条的"主要"工具区域中单击"标准件库"图标，左侧弹出"重用库"导航器，"名称"选择"FUTABA_MM"下的"Ejector Sleeve"，"成员选择"选择"Ejector Sleeve"，弹出"标准件管理"对话框，如图 6-126 所示。

图 6-126　"标准件管理"对话框

3. 在"标准件管理"对话框的"详细信息"区域中，按图 6-127 所示修改相应参数的值，单击"应用"按钮，进入"点"对话框，为推管指定位置。

4. 选中产品中的小圆柱为凸台的圆心位置。

5．选中另一个产品中的小圆柱为凸台的圆心位置。

6．单击"取消"按钮，返回"标准件管理"对话框。单击"取消"按钮，退出"标准件管理"对话框。生成后的推管图形如图 6-128 所示。

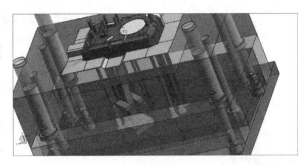

图 6-127　相应参数的值　　　　图 6-128　推管

6.9.3　推杆后处理

1．在"注塑模向导"工具条的"注塑模工具"工具区域中，单击"修边模具组件"图标，弹出"修边模具组件"对话框，如图 6-129 所示。

2．依次单击图形区的推杆，单击"应用"按钮，再单击"取消"按钮，完成推杆的修剪。

3．依次单击图形区的推管，单击"应用"按钮，再单击"取消"按钮，完成推管的修剪，修剪后的推管如图 6-130 所示。

图 6-129　"修边模具组件"对话框

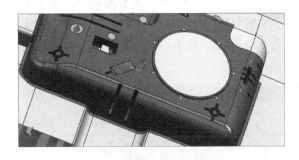

图 6-130　修剪后的推管

6.10　冷却系统设计

6.10.1　动模冷却设计

1．在"注塑模向导"工具条的"冷却工具"工具区域中单击"冷却标准件库"图标，

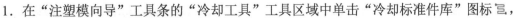

左侧弹出"重用库"导航器,"名称"选择"COOLING_UNIVERSAL","成员选择"选择"Cooling [Core_O_type]",如图 6-131 所示,弹出"冷却组件设计"对话框和"信息"对话框,如图 6-132 和图 6-133 所示。

图 6-131 "重用库"导航器

图 6-132 "冷却组件设计"对话框

2. 在"冷却组件设计"对话框的"详细信息"区域中,修改参数"COOLING_D"的值为 8,修改"H1"的值为 15,修改"L1""L2""L3""L4""L5"的值为 20,修改"L6""L7"的值为 60,单击"应用"按钮,再单击"取消"按钮,完成的动模冷却通道图形如图 6-134 所示。

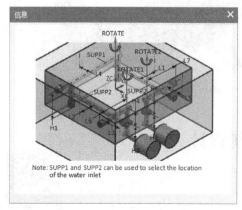

图 6-133 "信息"对话框

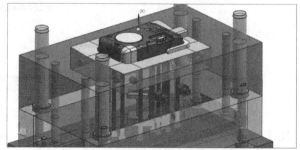

图 6-134 完成的动模冷却通道图形

6.10.2　定模冷却设计

1．在左侧装配导航器中勾选定模和型腔，确认图形区显示型腔、型芯、动模和定模等。

2．在"注塑模向导"工具条的"冷却工具"工具区域中单击"冷却标准件库"图标 ，左侧弹出"重用库"导航器，"名称"选择"COOLING_UNIVERSAL"，"成员选择"选择"Cooling[Cavity_O_type]"，弹出"冷却组件设计"对话框，如图6-135所示。

图6-135　"冷却组件设计"对话框

3．在"冷却组件设计"对话框的"详细信息"区域中，修改参数"COOLING_D"的值为8，修改参数"X_OFFSET"的值为-40，修改参数"L5""L6"的值为60，单击"应用"按钮，再单击"取消"按钮，完成的定模冷却系统如图6-136所示。

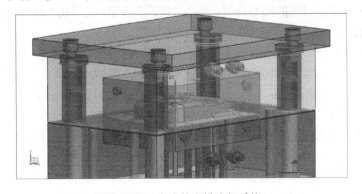

图6-136　完成的定模冷却系统

6.10.3　开腔

1．在"注塑模向导"工具条的"主要"工具区域中单击"腔"图标 ，弹出"开腔"对话框。

2．在"开腔"对话框中，"目标"选择定模板，"工具"选择定模的水管接头，单击"应用"按钮。

3．在"开腔"对话框中，"目标"选择动模板，"工具"选择动模的水管接头，单击"应用"按钮，完成的开腔图形如图 6-137 所示。单击"取消"按钮，退出"开腔"对话框。

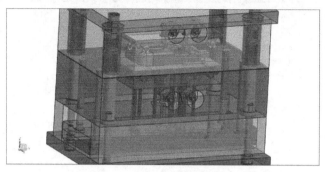

图 6-137　完成的开腔图形

6.11　其他零件设计

6.11.1　拉料杆设计

1．在左侧装配导航器中，勾选"moldbase"选项，确认图形区显示动模、型芯和分流道等组件。

2．在"注塑模向导"工具条的"主要"工具区域中单击"标准件库"图标 ，左侧弹出"重用库"导航器，"名称"选择"FUTABA_MM"下的"Ejector Pin"，"成员选择"选择左边的"Ejector Pin Straight"，弹出"标准件管理"对话框，如图 6-138 所示。

3．在"标准件管理"对话框的"详细信息"区域中，修改"CATALOG_DIA"的值为 8，修改"CATALOG_LENGTH"的值为 150，单击"确定"按钮，进入"点"对话框，为拉料杆指定位置。

4．在图形区中选择圆面的圆心位置，单击"确定"按钮，再单击"取消"按钮，退出"点"对话框，初步创建拉料杆。

5．在"注塑模向导"工具条的"主要"工具区域中单击"标准件库"图标 ，弹出"标准件管理"对话框。在"标准件管理"对话框的"部件"区域中，单击"选择标准件"图标，在图形区中选择拉料杆，在"标准件管理"对话框的"详细信息"区域中，修改"CATALOG_LENGTH"的值为 150-8.6-5，单击"确定"按钮。

6．在左侧装配导航器资源条中，选中创建的拉料杆"ej_pin"，单击右键，弹出快速编辑菜单，选择"在窗口中打开"选项，即可在新窗口中打开拉料杆。

7．单击"注塑模向导"工具条的"注塑模工具"工具区域的"包容体"图标 ，弹出"包容体"对话框。

图 6-138 "标准件管理"对话框

8．选择"类型"为"中心和长度" ，在"尺寸"区域中，输入 X、Y 的长度为 8，输入 Z 的长度为 10，选择如图 6-139 所示的象限点，单击"应用"按钮，再单击"取消"按钮，创建包容块。

9．在"主页"工具条的"特征"工具区域中单击"减去"图标 ，弹出"求差"对话框，"目标"选择拉料杆，"工具"选择包容块，在"设置"区域中取消勾选"保存工具"选项。单击"应用"按钮，再单击"取消"按钮，求差后的图形如图 6-140 所示。

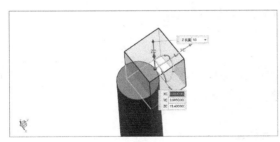

图 6-139 选择象限点

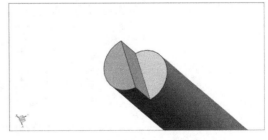
图 6-140 求差后的图形

10．在"主页"工具条的"特征"工具区域中单击"拔模"图标 ，弹出"拔模"对话框。

11．"脱模方向"选择-ZC，固定分型面选择拉料杆的顶半圆面。

12．"要拔模的面"选择拉料杆的侧面，"角度"输入 10。

13．在"主页"工具条的"特征"工具区域中单击"边倒圆"图标 ，弹出"边倒圆"对话框。

14．在"边"区域中，将"半径 1"的值设为 1，在图形区中选择侧面的 2 条边，单击"应用"按钮，再单击"取消"按钮，完成的拉料杆图形如图 6-141 所示。

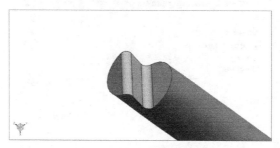

图 6-141 完成的拉料杆图形

6.11.2 顶出孔设计

1. 在左侧装配导航器中勾选"movehalf"组件，图形区显示动模、型芯等组件。

2. 在图形区中选中动模座板，单击右键，弹出快速编辑菜单，选择"在窗口中打开"选项，在新窗口中打开动模座板。

3. 在"主页"工具条的"特征"工具区域中单击"孔"图标 ，弹出"孔"对话框。

4. 在"孔"对话框中，"类型"选择"常规孔"，"直径"输入 35，"深度限制"选择"贯通体"，"布尔"运算选择"减去"，在"位置"区域中单击"指定点"图标，选择动模座板的中心位置。

5. 单击"应用"按钮，再单击"取消"按钮，完成孔的创建。

6. 在"主页"工具条的"特征"工具区域中单击"倒斜角"图标 ，弹出"倒斜角"对话框。

7. 在"倒斜角"对话框中，"距离"输入 2，在"边"区域中单击"选择边"图标，选择动模座板孔的 2 条边，如图 6-142 所示。

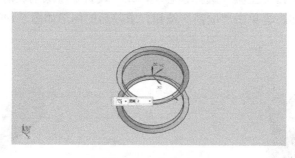

图 6-142 孔的边

8. 单击"应用"按钮，再单击"取消"按钮，完成创建孔的倒角。

6.12 本章小结

本章详细介绍了斜导柱滑块侧向分型和抽芯机构的设计方法、斜顶机构的设计和编辑过程，以及设计复杂内部孔补片（曲面补片和修剪区域补片）的方法和步骤。在本章的学习过程中，滑块和浮升销的参数设计是重点内容，侧型芯和斜顶头的设计是重点和难点内容。